"十四五"时期国家重点出版物出版专项规划项目

国家出版基金项目
NATIONAL PUBLICATION FOUNDATION

新型人工电磁材料在天线与频率选择表面中的应用

张厚　陈强　钟涛　尹卫阳　著

西安电子科技大学出版社

内 容 简 介

本书介绍了天线与微波领域的新技术——新型人工电磁材料在天线和频率选择表面中的应用,内容涵盖新型人工电磁材料与新型电磁传输线的基本概念,以及新型人工电磁材料给天线与频率选择表面的设计和应用带来的变化。全书深入浅出,图文并茂,科学性与工程性并重,基础性与先进性兼备,理论性与实践性相融。

本书可供从事天线与微波技术工作的工程技术人员使用,也可以作为高等院校电子类专业高年级本科生与研究生的教材和参考用书。

图书在版编目(CIP)数据

新型人工电磁材料在天线与频率选择表面中的应用/张厚等著. --西安:西安电子科技大学出版社,2024.3
ISBN 978 - 7 - 5606 - 6916 - 8

Ⅰ. ①新… Ⅱ. ①张… Ⅲ. ①电磁学—薄片复合材料—应用—泄漏波天线 ②电磁学—薄片复合材料—应用—圆极化天线③电磁学—薄片复合材料—应用—带通滤波器 Ⅳ. ①TN822②TN821③TN713

中国国家版本馆 CIP 数据核字(2023)第 109848 号

策　　划　明政珠
责任编辑　许青青
出版发行　西安电子科技大学出版社(西安市太白南路2号)
电　　话　(029)88202421　88201467　　　邮　编　710071
网　　址　www.xduph.com　　　　　　　电子邮箱　xdupfxb001@163.com
经　　销　新华书店
印刷单位　陕西精工印务有限公司
版　　次　2024年3月第1版　2024年3月第1次印刷
开　　本　787毫米×1092毫米　1/16　印张　11.5
字　　数　268千字
定　　价　108.00元
ISBN 978 - 7 - 5606 - 6916 - 8 / TN

XDUP 7218001 - 1

＊＊＊如有印装问题可调换＊＊＊

前　　言

新型人工电磁材料作为一种人工等效材料，打破了传统材料的物理极限，具有天然材料所不具备的超常物理特性。它与传统天线结合后可衍生出许多新的特性。在提高天线方向性、辐射效率及波束调控能力，实现辐射系统紧凑化、共形化和可重构等方面有着独特的优势，特别是其传输常数和单元结构能够进行灵活调节，在天线与频率选择表面的设计和实现上具有巨大的优势。开展新型人工电磁材料在天线与微波领域的应用研究在改善天线扫描和辐射特性、提高天线和频率选择表面波束控制能力、实现天线和频率选择表面小型化设计、拓展天线和频率选择表面应用范围等方面都具有重要的理论意义与应用价值。

本书采用理论分析、全波仿真和测试相结合的方法，基于复合左右手传输线、人工表面等离子体激元传输线、折叠式复合模式传输线、TE_{20}复合模式传输线、人工电磁材料等不同形式的新型人工电磁材料传输线及结构，介绍了新型人工电磁材料在漏波天线、圆极化天线和频率选择表面中的应用，为人工电磁材料在天线与频率选择表面中的设计和应用提供了新的思路与方法。

全书共分为 11 章。

第 1 章介绍了新型人工电磁材料与新型电磁传输线的基本概念。

第 2 章研究了基于复合左右手传输线的漏波天线，给出了两款具有宽扫描范围的漏波天线。

第 3 章介绍了基于人工表面等离子体激元传输线的漏波天线，给出了三款不同调制形式的漏波天线。

第 4 章在基片集成波导技术的基础上，给出了两种具有高色散的新型复合模式传输线结构，并基于这两款新型传输线结构介绍了四款漏波天线。

第 5 章研究了交叉偶极子天线在宽带圆极化天线中的应用，利用人工磁导体的同相反射特性将其应用到交叉偶极子天线中，给出了一款低剖面带宽拓展型交叉偶极子天线。

第 6 章分析了一种基于超材料的宽带和高增益圆极化蘑菇型天线，该天线由 4×4 蘑菇型单元阵列和 L 形缝隙天线组成。

第 7 章研究了基于极化转换超表面的宽带圆极化天线，给出了基于切角形贴片 PCRS、双贴片 PCRS、双贴片透射型极化转换超表面的宽带圆极化天线。

第 8 章研究了一种基于棋盘型极化转换超表面的高增益、宽带、低雷达散射截面的圆极化天线。天线底层是一个普通贴片微带天线，它是一个线极化辐射源，相当于天线的地面，顶层是极化转换超表面单元组成的覆层，中间层为 Fabry-Pérot 谐振腔体的天线结构，整体形成了一款 4×4 阵列、宽带、低雷达散射截面的圆极化天线。

第 9 章给出了两款小型化单频带阻频率选择表面。首先基于交指技术介绍了一款尺寸为 0.027λ×0.027λ 的小型化频率选择表面。然后在此频率选择表面的基础上，运用金属化过孔加载技术设计了一款尺寸仅为 0.014λ×0.014λ 的 2.5 维频率选择表面。两款小型化频率选择表面在拥有良好滤波特性的同时，还具备极化和角度稳定性。

第 10 章设计了两款小型化双频带阻频率选择表面。第一款频率选择表面的两个阻带中心频率分别为 1.69 GHz 和 2.16 GHz，两者之比仅为 1.28，满足低频比的要求。第二款频率选择表面的两个阻带中心频率分别为 910 MHz 和 1.80 GHz，工作于 GSM 频段。两款频率选择表面不仅拥有令人满意的电磁滤波特性，还具备良好的极化和角度稳定性。

第 11 章首先研制了一款工作于 GSM 频段的小型化三频带阻频率选择表面。在设计过程中，很好地兼顾了单元的小型化和多频特性，并对频率选择表面进行了加工和测试，测试结果表明频率选择表面具有良好的滤波特性和角度稳定性。然后基于设计的小型化三频带阻频率选择表面，制作了一款可用于屏蔽 GSM 信号的带阻屏蔽盒。经测试表明，该带阻屏蔽盒可以有效地屏蔽 GSM 信号。

本书由张厚、陈强、钟涛、尹卫阳共同完成。

本书是作者近几年所做工作的归纳和总结。由于水平有限，书中难免有不足之处，敬请读者给予批评指正。

作　者
2023 年 7 月

目　　录

第1章　新型人工电磁材料与新型电磁传输线的基本概念

新型人工电磁材料（MetaMaterial，MTM）又称为超材料，这里的"人工"并非人工制造或人工合成，而是一种人工结构，其等效产生的材料特性超出了传统电磁材料的特性，突破了某些表观自然规律的限制，超出了自然界原有的普通物理特性。

超材料包括复合左右手传输线（Composite Right/Left-Handed Transmission Line，CRLH-TL）、左手材料（Left-Handed Materials，LHM）、人工磁导体（Artifical Magnetic Conductor，AMC）、超表面（MetaSurfaces，MS）、电磁带隙（Electromagnetic Band-Gap，EBG）和频率选择性表面（Frequency Selective Surfaces，FSS）等，其具有独特的非均匀或非人工均匀的电磁结构，并因具有在自然界不存在的奇异电磁特性而受到了人们的广泛关注。超材料通常采用电小型散射元按照规则或不规则的周期性阵列在一定的空间区域进行排列，从而获得某些特定的电磁特性。

电磁波的传输离不开介质，介质的电磁特性决定着电磁波的传输特性。如果介质的电磁特性能够按照人们预想的设计进行控制，则对人们控制电磁波的传输无疑是非常有益的。新型人工电磁材料及新型电磁传输线的出现使得这种控制变为了现实。

1.1　新型人工电磁材料的基本概念

在经典力学里面，对于各向同性无源介质，分别用 ε_r 和 μ_r 表示相对介电常数和相对磁导率。真空中，相对介电常数 $\varepsilon_0 = 8.85 \times 10^{-12}$ F/m，磁导率 $\mu_0 = 4\pi \times 10^{-7}$ H/m。图1.1根据相对介电常数和相对磁导率对正负材料进行了分类。在自然界中，绝大多数物质的 ε_r 和 μ_r 大于 0，位于第一象限；对于一些电等离子体，其 $\varepsilon_r < 0$，$\mu_r > 0$，位于第二象限；对于一些磁等离子体，其 $\varepsilon_r > 0$，$\mu_r < 0$，位于第四象限；在第三象限，ε_r 和 μ_r 均小于 0，这种物质

图1.1　超材料分类示意图

在自然界中是不存在的。但是，人们通过构造一些特殊结构，使其等效的 ε_r 和 μ_r 均小于 0，就形成了一种新型人工电磁材料，即超材料。广义地讲，凡是超出自然界现有普通电磁材料特性（例如，等效的 ε_r 虽然是正值，但其绝对值很大；等效的 ε_r 和 μ_r 随着结构参数发生变化；电磁波入射到超表面时不再符合传统的入射、反射定律，而会产生异常折射和透射现象；等等）的材料都称为超材料。

1.2 各向异性超表面的极化调控原理

用张量形式表示的各向异性材料的相对介电常数和相对磁导率分别如下：

$$\hat{\boldsymbol{\varepsilon}} = \begin{bmatrix} \varepsilon_x & 0 & 0 \\ 0 & \varepsilon_y & 0 \\ 0 & 0 & \varepsilon_z \end{bmatrix}, \hat{\boldsymbol{\mu}} = \begin{bmatrix} \mu_x & 0 & 0 \\ 0 & \mu_y & 0 \\ 0 & 0 & \mu_z \end{bmatrix} \tag{1.1}$$

在不同方向上，各向异性材料的电磁参数的取值不同。各向异性介质的电位移矢量 $\boldsymbol{D}$ 和磁感应强度 $\boldsymbol{B}$ 满足 $\boldsymbol{D} = \hat{\boldsymbol{\varepsilon}} \cdot \boldsymbol{E}$，$\boldsymbol{B} = \hat{\boldsymbol{\mu}} \cdot \boldsymbol{H}$。所以电位移矢量 $\boldsymbol{D}$ 与电场强度 $\boldsymbol{E}$ 的方向有可能不同，也就是电场的方向与极化方向不一定在相同方向。具有上述特性的介质为电各向异性介质。磁各向异性介质的特性是介质的磁感应强度 $\boldsymbol{B}$ 与磁场强度 $\boldsymbol{H}$ 的方向不同。

在各向异性介质中，当 x 极化的电磁波沿 z 轴方向入射时，电场表示为 $\boldsymbol{E} = \hat{x} \boldsymbol{E}_0 \mathrm{e}^{\mathrm{j}(k_z - \omega t)} = \hat{x} \boldsymbol{E}_x$。无源空间中的 Maxwell 方程组为

$$\begin{cases} \nabla \times \boldsymbol{H} = \mathrm{j}\omega \boldsymbol{D} \\ \nabla \times \boldsymbol{E} = -\mathrm{j}\omega \boldsymbol{B} \\ \nabla \times \boldsymbol{D} = 0 \\ \nabla \times \boldsymbol{B} = 0 \end{cases} \tag{1.2}$$

将电场的表达式代入式(1.2)得

$$\begin{cases} \nabla \times (\nabla \times \boldsymbol{E}) = \nabla(\nabla \cdot \boldsymbol{E}) - \nabla^2 \boldsymbol{E} = k_z^2 \boldsymbol{E}_x \\ \nabla \times (\nabla \times \boldsymbol{E}) = -\mathrm{j}\omega \nabla \times \boldsymbol{B} = \omega^2 \mu_y \varepsilon_x \boldsymbol{E}_x \end{cases} \tag{1.3}$$

由式(1.2)和式(1.3)可以得到 $k_z = \omega \sqrt{\mu_y \varepsilon_x}$。当 y 极化的平面波沿着 $+z$ 方向入射到各向异性介质中时，可得 $k_z = \omega \sqrt{\mu_x \varepsilon_y}$。当电磁波入射到各向异性介质中时，在 x 和 y 方向电场的波矢量不同的条件是 $\mu_y \varepsilon_x \neq \mu_x \varepsilon_y$。

反射式超表面具有各向异性的特征，其由各向异性的结构层、金属反射板和介质基板组成，并且在 TE 波和 TM 波的激励下反射波的相位不同。设 Φ_x 和 Φ_y 分别是当 TE 波和 TM 波激励时入射波与反射波的相位，$\Delta \Phi = \Phi_x - \Phi_y$。谐振频率会随着单元结构参数的变化而变化，从而导致相位差 $\Delta \Phi$ 改变，实现对电磁波的极化调控。

1.3 等效介质理论

利用等效介质理论可以对超材料进行简便快捷的建模分析，可以求出超材料周期单元上电场和磁场的一些平均值，从而求得其等效介电常数 ε_e 和等效磁导率 μ_e，并且可以计算出超材料的折射率。需要注意的是，这种方法适用的条件是波长远大于超材料的单元周期。

图 1.2 所示为超材料特性的推导原理图，其中图(b)中的超表面由等效介质代替。

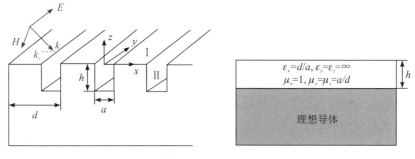

(a) 理想导体表面刻蚀一维周期沟槽　　　(b) 理想导体表面上方可等效为介质层

图 1.2　超材料特性的推导原理图

理想导体表面上的一维周期沟槽被各向异性的介质层代替，可得到均匀介质层的等效
参数：

$$\begin{cases} \varepsilon_x = \dfrac{d}{a} \\ \varepsilon_y = \varepsilon_z = \infty \end{cases} \tag{1.4}$$

由于光线在沟槽内以光速沿着 y 或 z 方向传播，因此

$$\sqrt{\varepsilon_x \mu_y} = \sqrt{\varepsilon_x \mu_z} = 1 \tag{1.5}$$

从而得

$$\begin{cases} \mu_x = 1 \\ \mu_y = \mu_z = \dfrac{1}{\varepsilon_x} \end{cases} \tag{1.6}$$

当 TM 极化波入射到均匀介质层的表面时，介质层的表面反射系数 R 可由介质的电导
率 ε 和磁导率 μ 表示为

$$R = \frac{(\varepsilon_x k_z - k_0) + (\varepsilon_x k_z + k_0)\, \mathrm{e}^{2\mathrm{j}k_0 h}}{(\varepsilon_x k_z + k_0) + (k_0 - \varepsilon_x k_z)\, \mathrm{e}^{2\mathrm{j}k_0 h}} \tag{1.7}$$

当 $k_x > k_0$ 时，由式(1.7)分母中的零点可以计算出表面模式的色散关系：

$$\frac{\sqrt{k_x^2 - k_0^2}}{k_0} = \frac{a}{d}\tan(k_0 h) \tag{1.8}$$

1.4　复合左右手传输线理论

1968 年，V. Veselago[1]首次从理论上描述了负介电常数和负磁导率材料的存在，证明
了负磁导率材料与自然界存在的材料不同，其相位速度的方向可以与坡印廷矢量的方向相
反。2000 年，John Pendry 第一个提出了制造左手材料的实用方法。随着左手材料的出现，
2002 年，美国加州大学的 C. Caloz 等应用传输线理论对左手材料进行了分析，提出了左手
传输线的概念。左手传输线的实现条件十分苛刻，这种传输线只能在特定条件下存在，为
了增加左手材料研究的普适性，左右手传输线(CRLH-TL)理论应运而生。图 1.3 给出了无

耗 CRLH-TL 电路模型。其中，C_L、L_R、L_L、C_R 分别表示左手分布电容、右手分布电感、左手分布电感和右手分布电容。

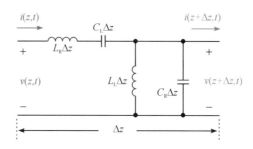

图 1.3　CRLH-TL 电路模型

图 1.3 中，CRLH-TL 单位长度的串联阻抗 Z 和并联导纳 Y 的表达式为

$$\begin{cases} Z = \mathrm{j}\omega L_R + \dfrac{1}{\mathrm{j}\omega C_L} \\ Y = \mathrm{j}\omega C_R + \dfrac{1}{\mathrm{j}\omega L_L} \end{cases} \tag{1.9}$$

CRLH-TL 的时谐传输线方程如下：

$$\begin{cases} \dfrac{\mathrm{d}V(z)}{\mathrm{d}z} = -\mathrm{j}\omega\left(L_R - \dfrac{1}{\omega C_L}\right)I \\ \dfrac{\mathrm{d}I(z)}{\mathrm{d}z} = -\mathrm{j}\omega\left(C_R - \dfrac{1}{\omega^2 L_L}\right)V \end{cases} \tag{1.10}$$

其中，V 和 I 分别代表 CRLH-TL 单位长度 Δz 上电压和电流的振幅。

由均匀传输线方程的通解可以得到传输线的特性阻抗 Z_0 与传播常数 γ 的表达式：

$$\begin{cases} Z_0 = \sqrt{\dfrac{Z}{Y}} = \sqrt{\dfrac{\omega^2 L_R L_L - 1}{\omega^2 C_R C_L - 1}} \\ \gamma = \sqrt{ZY} = \dfrac{\mathrm{j}}{\omega\sqrt{C_L L_L}}\sqrt{(1 - \omega^2 L_R C_L)(1 - \omega^2 C_R L_L)} \end{cases} \tag{1.11}$$

设 $\gamma = \alpha + \mathrm{j}\beta$，其中实部 α 为电磁波衰减常数，虚部 β 为相移常数。为表达方便，取 $\omega_{se} = \dfrac{1}{\sqrt{L_R C_L}}$，$\omega_{sh} = \dfrac{1}{\sqrt{L_L C_R}}$，$\omega_{LH} = \dfrac{1}{\sqrt{L_L C_L}}$，则式(1.11)可简化为

$$\begin{cases} Z_0 = \sqrt{\dfrac{Z}{Y}} = \sqrt{\dfrac{\omega^2 L_R L_L - 1}{\omega^2 C_R C_L - 1}} \\ \gamma = \sqrt{ZY} = \mathrm{j}\dfrac{\omega_{LH}}{\omega}\sqrt{\left[1 - \left(\dfrac{\omega}{\omega_{se}}\right)^2\right]\left[1 - \left(\dfrac{\omega}{\omega_{sh}}\right)^2\right]} \end{cases} \tag{1.12}$$

由式(1.12)可以看出，传播常数为一个纯实数或者纯虚数，其值的正负取决于频率 ω 与 ω_{se}、ω_{sh} 的大小关系。为了更好地分析它们之间的关系，分别定义 ω_H 和 ω_L：

$$\begin{cases} \omega_H = \max(\omega_{se}, \ \omega_{sh}) \\ \omega_L = \min(\omega_{se}, \ \omega_{sh}) \end{cases} \tag{1.13}$$

当 $\omega_{se} = \omega_{sh} = \omega_H = \omega_L$ 时，有 $\sqrt{L_R/C_R} = \sqrt{L_L/C_L}$，传输线处于平衡状态，否则认为传输线处于非平衡状态。平衡状态的传输线只是 CRLH-TL 的一个特殊状态，大多数 CRLH-TL 都工作在非平衡状态。根据式(1.13)可以得到 CRLH-TL 工作在平衡状态下和非平衡状态下的色散曲线，如图 1.4 所示。从图 1.4 中可知，当 CRLH-TL 工作在非平衡状态时，在 (ω_L, ω_H) 频率范围内，传输线表现为带阻频率选择特性，这也可以从式(1.13)中得到验证，此时传输常数为一个纯实数，对应地，传输线中的电磁波表现为以指数形式衰减；当 CRLH-TL 工作在平衡状态时，该阻带消失，色散曲线连续变化。将工作在平衡状态的 CRLH-TL 应用于漏波天线的设计，能够极大程度上拓展漏波天线的扫描范围。

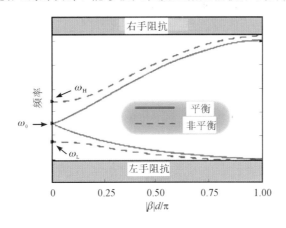

图 1.4　平衡状态和非平衡状态下 CRLH-TL 的色散曲线

CRLH-TL 单元可以看作一个二端口网络，在设计和研究 CRLH-TL 时，可以通过 CRLH-TL 单元的 S 参数得到传输线的电磁参数。无源传输线的色散曲线与对应二端口网络的 S 参数之间的关系可以表示为

$$\beta(\omega)d = \arccos\left(\frac{1 - |S|}{2S_{21}}\right) \qquad (1.14)$$

其中，d 为传输线的长度，β 表示相移常数，ω 表示角频率，S_{21} 表示 S 参数中 1 端口到 2 端口的传输系数。

1.5　蘑菇型电磁带隙结构

电磁带隙(EBG)结构是一种周期或者非周期的结构，它可以在特定频段阻止或者允许任意入射角和任意极化方式的电磁波通过。电磁带隙结构由金属导体和介质材料组成。根据几何结构的不同，电磁带隙结构可以划分为传输线结构(一维)、平面结构(二维)和体结构(三维)。这里主要介绍的蘑菇型(Mushroom-like)高阻抗表面(High Impedance Surface, HIS)是一种二维平面结构。D. Sievenpiper 等人在 1999 年首先提出了由金属和介质构成的蘑菇型 EBG 结构[2]，如图 1.5 所示。这种蘑菇型 EBG 结构不仅具有表面波抑制特性，可以抑制表面波的传播，而且可等效为人工磁导体(AMC)，对平面波具有同相反射特性。有研究表明，这种结构同时具有左手特性和零阶谐振性质，属于对称型复合左右手传输线结构。

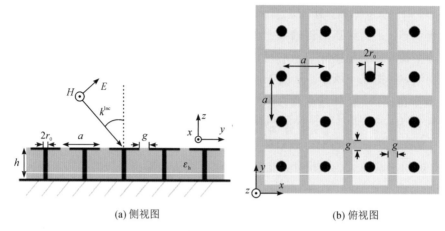

(a) 侧视图   (b) 俯视图

图 1.5　蘑菇型 EBG 结构的几何模型

通过分析蘑菇型 EBG 结构可知，它具有两种不同的谐振现象，即电磁波谐振和回路谐振，如图 1.6 所示。蘑菇型 EBG 结构中，金属贴片之间的相互耦合会产生等效电容 C，等效电感 L 由金属化过孔产生，等效电感 L 和等效电容 C 构成并联谐振回路。等效电容 C 和等效电感 L 可以表示为

$$C = \frac{\varepsilon_0 (1+\varepsilon_r) w}{\pi} \mathrm{arcosh}\left(\frac{a}{g}\right) \tag{1.15}$$

$$L = \mu_0 t \tag{1.16}$$

式中，g 表示贴片间缝隙的宽度；w 表示金属贴片的宽度；a 表示周期，$a = w + g$。根据式 (1.15)、式 (1.16) 得出：

$$Z = \frac{\mathrm{j}\omega L}{1 - \omega^2 LC} \tag{1.17}$$

$$\omega_0 = \frac{1}{\sqrt{LC}} \tag{1.18}$$

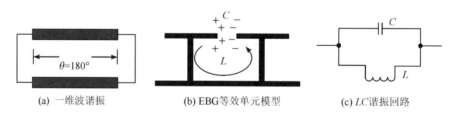

(a) 一维波谐振   (b) EBG等效单元模型   (c) LC谐振回路

图 1.6　一维波谐振、EBG 等效单元模型和 LC 谐振回路图

　　以上对电磁带隙结构的分析采用的是等效介质理论。下面用等效复阻抗法对该结构进行分析，以帮助读者进一步理解其表面波抑制特性以及平面波同相反射特性。蘑菇型 EBG 结构的等效复阻抗电路模型如图 1.7 所示。电阻 R 表示该结构的导体损耗、介质基板损耗和漏波辐射损耗，用式 (1.17) 及式 (1.18) 来表示该结构的电容 C 和电感 L，Z_s 为等效复阻抗，则

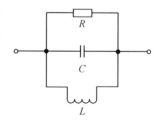

图 1.7　等效复阻抗电路模型

$$Z_s = \left(\frac{1}{R} + \frac{1}{j\omega L} + j\omega C \right)^{-1} = \frac{j\omega L}{(1 - \omega^2 LC) + j\omega L / R} \tag{1.19}$$

系统损耗 $Q = R / (\omega L)$。谐振点附近的等效复阻抗为

$$Z_s = \frac{j\omega \omega_0 L / 2}{\omega_0 \left(1 + j\dfrac{1}{2Q} \right) - \omega} \tag{1.20}$$

其中，$\omega_0 = 1/\sqrt{LC}$。反射相位可以通过分析等效复阻抗和平面波的反射系数得到，即

$$\phi = \mathrm{Im} \left\{ \ln \left\langle \frac{E_r}{E_i} \right\rangle \right\} = \mathrm{Im} \left\{ \ln \left(\frac{Z_s - \eta_0}{Z_s + \eta_0} \right) \right\} \tag{1.21}$$

式中，η_0 是自由空间波阻抗，E_r 和 E_i 分别代表反射波和前向入射波。

对超材料传输线结构来说，更为通用的分析方法是将右手效应引入纯左手电路中。图 1.8 是对称 CRLH 结构周期单元的 T 形等效电路和 π 形等效电路。左手特性由电路的串联电容 C_L 和并联电感 L_L 提供，右手特性由并联电容 C_R 和串联电感 L_R 提供。T 形等效电路的两侧为两个左手电容。T 形和 π 形等效电路在运用周期性边界条件时本质上是一样的。两者的色散关系式为

$$\beta(\omega) = \frac{1}{p} \arccos \left[1 - \frac{1}{2} \left(\frac{\omega_L^2}{\omega^2} + \frac{\omega^2}{\omega_R^2} - \frac{\omega_L^2}{\omega_{se}^2} - \frac{\omega_L^2}{\omega_{sh}^2} \right) \right] \tag{1.22}$$

式中，p 为单元周期，而

$$\begin{cases} \omega_L = \dfrac{1}{\sqrt{C_L L_L}}, \quad \omega_R = \dfrac{1}{\sqrt{C_R L_R}} \\[3mm] \omega_{se} = \dfrac{1}{\sqrt{C_L L_R}}, \quad \omega_{sh} = \dfrac{1}{\sqrt{C_R L_L}} \end{cases} \tag{1.23}$$

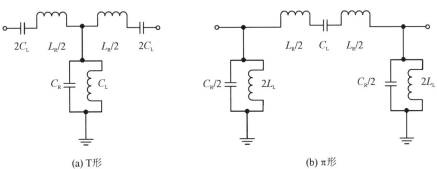

(a) T形　　　　　　　　　　　　　　　(b) π形

图 1.8　对称 CRLH 结构周期单元的等效电路

通过观察可以得知，在两个频率点之间存在一个带隙，这两个频率点称作无限波长点（$\beta = 0$）。当 $\omega_{se} = \omega_{sh}$ 时，电路处于平衡状态，带隙就会消失。由边界条件和电路值可以得知，零阶谐振只会被激励出来一个。包括负阶、零阶和正阶在内的多重谐振在多个周期单元级联的条件下才会被产生。当满足式(1.24)的时候，对一个 M 级的复合左右手传输线而言，其不同阶数的谐振频率可以由色散曲线得到。

$$\begin{cases} \theta_M = \beta p_M = \beta_p M = n\pi \\ \beta_p = \dfrac{n\pi}{M} \quad \begin{cases} n=0,\pm1,\cdots,\pm(M-1) & (\text{T 形}) \\ n=0,\pm1,\cdots,\pm M & (\pi\text{形}) \end{cases} \end{cases} \tag{1.24}$$

式中，θ_M 和 p_M 分别表示传输线的电长度和几何长度。

1.6 人工磁导体

人工磁导体（AMC）结构是美国学者 D. Sievenpiper 等人在研究蘑菇型 EBG 结构时提出的，它能够在特定频率范围内表现出理想磁导体对平面波的同相位反射特性，在高性能天线、雷达目标隐身、微波传输等方面都有着广泛的应用。首先，在改善天线性能方面，AMC 结构用于微带天线周围，可抑制表面波的传播，提高天线的增益，降低背瓣，同时在天线阵中通过降低表面波带来的互耦来提高天线阵的整体性能。其次，用 AMC 结构作为偶极子天线和螺旋线圈天线的反射面，可以使天线紧贴 AMC 结构表面，实现低剖面天线。除了抑制表面波、降低剖面外，AMC 结构还具有随频率连续可变的反射相位特性，可以用来改善微带天线强谐振的阻抗特性，从而增大天线的工作带宽。

1.7 频率选择表面的基本理论

频率选择表面（FSS）作为一种周期性结构，本身就具有超材料的特性，它能与电磁波相互作用，从而实现空间滤波，因此受到了研究人员的广泛关注。

FSS 自问世以来，由于理论的复杂性以及加工制作上的困难，真正对其展开大规模研究始于 20 世纪中期。近些年来，随着应用领域的不断拓展，传统 FSS 的缺陷逐渐暴露出来，严重地制约了其进一步发展。传统 FSS 的滤波特性是建立在单元谐振机制上实现的，而这一工作机制使得 FSS 的单元尺寸与工作波长相当。首先，当处于低频谐振波段时，由于工作波长过长会导致 FSS 单元尺寸过大，因此在一些空间受限的环境中，FSS 无法包含足够的单元数量以实现理想滤波特性；其次，拥有大尺寸单元的 FSS 对极化方式和入射角较为敏感，尤其当入射角增大到一定程度时，还会引起栅瓣的出现，从而影响空间滤波特性。这些因素都严重地限制了 FSS 在工程中的应用。

为了解决这一问题，小型化 FSS 应运而生，许多行之有效的小型化设计方法被不断地提出。此外，随着多频通信技术的出现，对 FSS 的滤波性能又提出了新的要求，兼具小型化和多频等特性已经成为目前 FSS 设计的主流思路之一。

1.7.1 Floquet 定理及栅瓣现象

Floquet 定理在分析一维或二维无限周期性表面时有其独特的优势。FSS 为周期性结构，在对其进行分析时，自然而然地需要用到 Floquet 定理。本节将以一维无限周期性表面为例对 Floquet 定理作简要的介绍。如图 1.9 所示，当某传输模式的具有稳态频率的电磁波照射到周期性表面时，会使得周期性表面上产生场的分布，这些场的分布具有一定的规律性，即表面上任一截面的场与相距一定空间周期的另一截面的场只相差一个复常数，这就是 Floquet 定理。

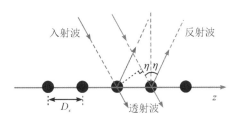

图 1.9　电磁波照射到一维周期性表面上产生的透射波和反射波

为了详细地介绍相隔一定周期的两个截面的场之间的关系，现用公式表示如下：

$$\psi(x,y,z+mD_z)=\psi(x,y,z)\mathrm{e}^{-\mathrm{j}m\beta_0 D_z} \tag{1.25}$$

其中，$\mathrm{e}^{-\mathrm{j}m\beta_0 D_z}$ 为两个截面的场之间的相位；β_0 为传播常数；$\psi(x,y,z)$ 为场分布函数，其具体表达式为

$$\psi(x,y,z)=F(x,y,z)\mathrm{e}^{-\mathrm{j}\beta_0 D_z} \tag{1.26}$$

$F(x,y,z)$ 为场分布函数的振幅，是一个周期函数，将其展开为傅里叶级数可得

$$F(x,y,z)=\sum_{n=-\infty}^{\infty}\psi_n(x,y)\mathrm{e}^{-\mathrm{j}2n\pi Z/D_z} \tag{1.27}$$

由正交性原理可得

$$
\begin{aligned}
\psi_n(x,y)&=\frac{1}{D_z}\int_{z-D_z/2}^{z+D_z/2}F(x,y,z)\mathrm{e}^{\mathrm{j}2n\pi z/D_z}\,\mathrm{d}z \\
&=\frac{1}{D_z}\int_{z-D_z/2}^{z+D_z/2}\left[F(x,y,z)\mathrm{e}^{-\mathrm{j}\beta_0 D_z}\right]\mathrm{e}^{\mathrm{j}(\beta_0 D_z+2n\pi z/D_z)}\,\mathrm{d}z
\end{aligned}
$$

$$\psi_n(x,y)=\frac{1}{D_z}\int_{z-D_z/2}^{z+D_z/2}\psi(x,y,z)\mathrm{e}^{\mathrm{j}\beta_n z}\,\mathrm{d}z \tag{1.28}$$

其中：

$$\beta_n=\beta_0+\frac{2n\pi}{D_z} \tag{1.29}$$

由以上变换得到场分布的 Floquet 模的展开为

$$\psi(x,y,z)=\sum_{n=-\infty}^{\infty}\psi(x,y)\mathrm{e}^{-\mathrm{j}\beta_n z} \tag{1.30}$$

再回到图 1.9 中，任一固定截面入射波的相位比左边相距 n 个周期的截面要滞后 $\beta nD_z\sin\eta$，在电磁波透过截面后，相位又会提前 $\beta nD_z\sin\eta$，与最后从周期性结构表面透射出来的电磁波的相位是一致的。因此，平面波照射到表面后透射出来的还是平面波。

然而，实际上不是只有透射出来的才是平面波，在其他方向上也存在着相应的平面波，这些其他方向的平面波就是通常所说的栅瓣现象[3]，如图 1.10 所示。当电磁波照射到周期性表面上时，首先假设可能的平面波传播方向为 γ，相邻 n 个周期的截面上的相位差为 $\beta nD_z(\sin\eta+\sin\eta_g)$。根据平面波的特性可得，当 $\beta nD_z(\sin\eta+\sin\eta_g)$ 等于 2π

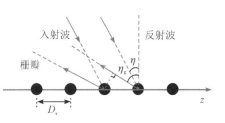

图 1.10　栅瓣的传播方向

时,朝 γ 方向传播的电磁波就是平面波。

根据以上描述,栅瓣出现的条件可以用以下等式表示:

$$\beta D_z(\sin\eta + \sin\eta_g) = 2n\pi \tag{1.31}$$

其中:

$$\beta = \frac{2\pi}{\lambda_g}$$

由此可得栅瓣出现时的入射波频率为

$$f_g = \frac{c}{\lambda_g} = \frac{nc}{D_z(\sin\eta + \sin\eta_g)} \tag{1.32}$$

根据式(1.32),也可计算出当 $\eta_g = 90°$ 时栅瓣存在的最小频率为

$$f_g = \frac{c}{\lambda_g} = \frac{nc}{D_z(\sin\eta + 1)} \tag{1.33}$$

由式(1.33)可知,当入射角为 90° 时,栅瓣出现的最小频率只与单元间隔 D_z 和入射角度 η 有关,且与两者成反比。这也说明,要想降低栅瓣对滤波特性的影响,一个重要的途径就是实现 FSS 单元的小型化。

在实际设计中,FSS 通常会与介质基底一同设计。由于介质基底本身也会导致栅瓣提前出现,甚至还会产生表面波,因此在 FSS 设计中应尽量做到周期单元的小型化,这样才能够在满足性能要求的同时最大限度地降低栅瓣和表面波对 FSS 滤波特性的影响。

1.7.2 频率选择表面的基本分析方法

1. 模式匹配法

模式匹配法是目前 FSS 分析中使用最为普遍的一种方法[4-5]。图 1.11 为二维频率选择表面示意图。在二维周期性表面示意图上,a、b 分别代表周期性表面两个不同方向的周期,两个周期方向之间的夹角用 Ω 来表示。根据 Floquet 定理可得,周期性表面上任意一个单元的第 pq 个 Floquet 模的横向电场为

$$\overline{\Phi}_{pq} = \frac{1}{\sqrt{ab\sin\Omega}}\begin{cases} \left(\dfrac{v_{pq}}{t_{pq}}\hat{x} - \dfrac{u_{pq}}{t_{pq}}\hat{y}\right)\phi_{pq} & \text{(TE)} \\ \left(\dfrac{u_{pq}}{t_{pq}}\hat{x} + \dfrac{v_{pq}}{t_{pq}}\hat{y}\right)\phi_{pq} & \text{(TM)} \end{cases} \tag{1.34}$$

其中,p、q 的取值范围为 0 或正负整数。当 p 与 q 同时为 0 时,主模即为平面波成分,此时有

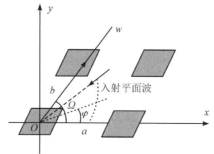

图 1.11　二维频率选择表面示意图

$$\begin{cases} \phi_{pq} = \exp[-\mathrm{j}(u_{pq}x + v_{pq}y + \gamma_{pq}z)] \\[2mm] u_{pq} = k_0\sin\theta\cos\varphi + \dfrac{2\pi p}{a} \\[3mm] v_{pq} = k_0\sin\theta\sin\varphi + \dfrac{2\pi q}{b\sin\Omega} - \dfrac{2\pi p}{a\tan\Omega} \\[3mm] t_{pq}^2 = u_{pq}^2 + v_{pq}^2 \\[2mm] \gamma_{pq} = \begin{cases} \sqrt{k_0^2 - t_{pq}^2} & (k_0^2 > t_{pq}^2) \\[2mm] -\mathrm{j}\sqrt{t_{pq}^2 - k_0^2} & (k_0^2 < t_{pq}^2) \end{cases} \end{cases} \tag{1.35}$$

式中，k_0 为自由空间中的传播常数。当 γ_{pq} 为正实数时，Floquet 模会在 $+z$ 方向（$+z$ 方向与 x、y 满足矢量右手关系）存在相位变化并对应一个辐射平面波，此时 Floquet 模称为传播模；当 γ_{pq} 为负的纯虚数时，Floquet 模在 $+z$ 方向没有相位变化，相位变化仅发生在 xOy 平面，由于在 $+z$ 方向存在幅值衰减，因此此时 Floquet 模称为衰减模。对于横向电场和横向磁场而言，反映到模式阻抗中为

$$\eta^{\mathrm{TE}} = \frac{k_0}{\gamma_{pq}}\sqrt{\frac{\mu_0}{\varepsilon_0}}$$

$$\eta^{\mathrm{TM}} = \frac{\gamma_{pq}}{k_0}\sqrt{\frac{\mu_0}{\varepsilon_0}} \tag{1.36}$$

结合式(1.34)中的横向电场函数可知，入射场表示为

$$\boldsymbol{E}^{\mathrm{i}} = \sum_{r=1}^{2} A_{00r}\overline{\boldsymbol{\Phi}}_{pqr}$$

$$\boldsymbol{H}^{\mathrm{i}} = \sum_{r=1}^{2} \frac{A_{00r}}{\eta_{00r}}(z \times \overline{\boldsymbol{\Phi}}_{pqr})$$

其中，A_{00r} 为入射场中分量的幅值，且 $r=1$ 时表示 TE 模式，$r=2$ 时表示 TM 模式。

散射场表示为

$$\boldsymbol{E}^{\mathrm{s}} = \sum_{p}\sum_{q}\sum_{r=1}^{2} R_{pqr}\overline{\boldsymbol{\Phi}}_{pqr} \tag{1.37}$$

$$\boldsymbol{H}^{\mathrm{s}} = \sum_{p}\sum_{q}\sum_{r=1}^{2} \frac{R_{pqr}}{\eta_{pqr}}(\hat{z} \times \overline{\boldsymbol{\Phi}}_{pqr}) \tag{1.38}$$

式中，R_{pqr} 表示反射系数，其表示式为

$$R_{pqr} = \eta_{pqr}\iint\limits_{\mathrm{plate}} \hat{z} \times \boldsymbol{H}^{\mathrm{s}} \cdot \overline{\boldsymbol{\Phi}}_{pqr}^{*}\, \mathrm{d}a \tag{1.39}$$

原则上，模式匹配法可以用于求解任意单元形状和排列方式的 FSS。当 FSS 为单层或者金属贴片单双面加载时，使用模式匹配法求解最为高效准确。模式匹配法同样也可处理多层级联结构，然而当面对复杂多层结构时，其公式繁杂且计算量大。

2. 谱域法

在 FSS 理论分析中，另一种使用较多的方法就是谱域法[6-7]。同样以周期性表面为例，当电磁波照射到表面上时，表面上会激发出感应电流，假设表面上的电流分布为 $J_x(x,y)$ 和 $J_y(x,y)$，则对应的磁矢位 $\boldsymbol{A}$ 可表示为

$$\begin{bmatrix} A_x(x,y) \\ A_y(x,y) \end{bmatrix} = \overline{\overline{G}}(x,y) * \begin{bmatrix} J_x(x,y) \\ J_y(x,y) \end{bmatrix} \tag{1.40}$$

式中，$\overline{\overline{G}}(x,y) = \dfrac{\mathrm{e}^{-jk_0\sqrt{x^2+y^2}}}{4\pi\sqrt{x^2+y^2}}\overline{\overline{I}}$ 表示自由空间中的格林函数，$*$ 表示卷积，$\overline{\overline{I}} = \begin{bmatrix} 1 & 0 \\ 0 & 1 \end{bmatrix}$ 为二阶单位矢量。

结合相关电磁理论可得散射电场的表达式：

$$E^s(x,y) = -j\omega\mu_0 A(x,y) + \frac{1}{j\omega\varepsilon_0}\nabla(\nabla \cdot A(x,y)) \tag{1.41}$$

其在周期性表面上两个平行方向的分量可以表示为

$$\begin{bmatrix} E_x^s(x,y) \\ E_y^s(x,y) \end{bmatrix} = \frac{1}{j\omega\varepsilon_0}\begin{bmatrix} \dfrac{\partial^2}{\partial x^2}+k_0^2 & \dfrac{\partial^2}{\partial x\partial y} \\ \dfrac{\partial^2}{\partial x\partial y} & \dfrac{\partial^2}{\partial y^2}+k_0^2 \end{bmatrix}\begin{bmatrix} A_x \\ A_y \end{bmatrix} \tag{1.42}$$

进一步可得上述方程的谱域表达式为

$$\begin{bmatrix} \widetilde{E}_x^s(x,y) \\ \widetilde{E}_y^s(x,y) \end{bmatrix} = \frac{1}{j\omega\varepsilon_0}\begin{bmatrix} k_0^2-\alpha^2 & -\alpha\beta \\ -\alpha\beta & k_0^2-\beta^2 \end{bmatrix}\overline{\overline{G}}(\alpha,\beta)\begin{bmatrix} \widetilde{J}_x(\alpha,\beta) \\ \widetilde{J}_y(\alpha,\beta) \end{bmatrix} \tag{1.43}$$

式中：

$$\overline{\overline{G}}(\alpha,\beta) = \frac{-j}{2\sqrt{k_0^2-\alpha^2-\beta^2}}\overline{\overline{I}}$$

其中：α、β 为 x、y 通过坐标变换到谱域后对应的变量。

对于周期性表面而言，只需结合傅里叶变换就能得到离散的波谱，其精确表达式如下：

$$\alpha_{mn} = \frac{2\pi m}{a} + k_0\sin\theta\sin\varphi$$

$$\beta_{mn} = \frac{2\pi n}{b\sin\Omega} - \frac{2\pi m}{a\tan\Omega} + k_0\sin\theta\sin\varphi$$

再对积分方程采取逆傅里叶变换可得

$$\begin{bmatrix} E_x^s(x,y) \\ E_y^s(x,y) \end{bmatrix} = \frac{1}{j\omega\varepsilon_0}\sum_m\sum_n\begin{bmatrix} k_0^2-\alpha_{mn}^2 & -\alpha_{mn}\beta_{mn} \\ -\alpha_{mn}\beta_{mn} & k_0^2-\beta_{mn}^2 \end{bmatrix}\overline{\overline{G}}(\alpha_{mn},\beta_{mn})\begin{bmatrix} \widetilde{J}_x(\alpha_{mn},\beta_{mn}) \\ \widetilde{J}_y(\alpha_{mn},\beta_{mn}) \end{bmatrix}\mathrm{e}^{j(\alpha_{mn}x+\beta_{mn}y)}$$

$$= \sum_m\sum_n\begin{bmatrix} \widetilde{G}_{xx} & \widetilde{G}_{xy} \\ \widetilde{G}_{yx} & \widetilde{G}_{yy} \end{bmatrix}\begin{bmatrix} \widetilde{J}_x(\alpha_{mn},\beta_{mn}) \\ \widetilde{J}_y(\alpha_{mn},\beta_{mn}) \end{bmatrix}\mathrm{e}^{j(\alpha_{mn}x+\beta_{mn}y)}$$

$$= -\begin{bmatrix} E_x^i(x,y) \\ E_y^i(x,y) \end{bmatrix} \tag{1.44}$$

式中：

$$\begin{bmatrix} \widetilde{G}_{xx} & \widetilde{G}_{xy} \\ \widetilde{G}_{yx} & \widetilde{G}_{yy} \end{bmatrix} = \frac{1}{j\omega\varepsilon_0}\overline{\overline{G}}(\alpha_{mn},\beta_{mn})\begin{bmatrix} k_0^2-\alpha_{mn}^2 & -\alpha_{mn}\beta_{mn} \\ -\alpha_{mn}\beta_{mn} & k_0^2-\beta_{mn}^2 \end{bmatrix}$$

通常来说，周期性表面可分为贴片型表面和孔径型表面，以上分析主要针对贴片型表面。当分析孔径型表面时，根据对偶原理将上述公式中的 E、ε_0 替换为 H 和 μ_0，再结合孔

径电场激励的磁流 M 和边界条件 $H^s = H^i$，可以得到：

$$\begin{bmatrix} H_x^i(x, y) \\ H_y^i(x, y) \end{bmatrix} = -\frac{2}{j\omega\mu_0} \sum_m \sum_n \begin{bmatrix} \alpha_{mn}\beta_{mn} & k_0^2 - \alpha_{mn}^2 \\ -k_0^2 + \beta_{mn}^2 & -\alpha_{mn}\beta_{mn} \end{bmatrix} \widetilde{\widetilde{G}}(\alpha_{mn}, \beta_{mn}) \begin{bmatrix} E_x^i(\alpha_{mn}, \beta_{mn}) \\ E_y^i(\alpha_{mn}, \beta_{mn}) \end{bmatrix} e^{j(\alpha_{mn}x + \beta_{mn}y)}$$

$$(1.45)$$

由于式(1.44)中 E^i 是已知的，因此只需得出感应电流 J_s 的分布即可得到孔径型表面的散射场。根据 Galerkin 法，首先引入一个电流 J：

$$J = \sum_i C_i f_i = \sum \begin{bmatrix} c_{xi} \\ c_{yi} \end{bmatrix} \begin{bmatrix} J_{xi}^* & 0 \\ 0 & J_{yi}^* \end{bmatrix}$$

将 J 代入式(1.44)中，作内积后得

$$\sum_i \sum_m \sum_n \int \begin{bmatrix} J_{xi}^* & 0 \\ 0 & J_{yi}^* \end{bmatrix} \begin{bmatrix} \widetilde{G}_{xx} & \widetilde{G}_{xy} \\ \widetilde{G}_{yx} & \widetilde{G}_{yy} \end{bmatrix} \begin{bmatrix} \widetilde{J}_{xj}(\alpha_{mn}, \beta_{mn}) & 0 \\ 0 & \widetilde{J}_{yj}(\alpha_{mn}, \beta_{mn}) \end{bmatrix} \begin{bmatrix} c_{xj} \\ c_{yj} \end{bmatrix} e^{j(\alpha_{mn}x + \beta_{mn}y)} \, \mathrm{d}s$$

$$= -\begin{bmatrix} \iint J_{xi}^* E_x^i \, \mathrm{d}s \\ \iint J_{yi}^* E_y^i \, \mathrm{d}s \end{bmatrix}$$

$$(1.46)$$

积分 $\int J_i^* e^{j(\alpha_{mn}x + \beta_{mn}y)} \, \mathrm{d}s$ 相当于对 J_i^* 进行了一次傅里叶变换，于是式(1.46)可改写为

$$\sum_j \sum_m \sum_n \int \begin{bmatrix} \widetilde{J}_{xi}^* & 0 \\ 0 & \widetilde{J}_{yi}^* \end{bmatrix} \begin{bmatrix} \widetilde{G}_{xx} & \widetilde{G}_{xy} \\ \widetilde{G}_{yx} & \widetilde{G}_{yy} \end{bmatrix} \begin{bmatrix} \widetilde{J}_{xj}(\alpha_{mn}, \beta_{mn}) & 0 \\ 0 & \widetilde{J}_{yj}(\alpha_{mn}, \beta_{mn}) \end{bmatrix} \begin{bmatrix} c_{xj} \\ c_{yj} \end{bmatrix}$$

$$= -\begin{bmatrix} \iint J_{xi}^* E_x^i \, \mathrm{d}s \\ \iint J_{yi}^* E_y^i \, \mathrm{d}s \end{bmatrix}$$

$$(1.47)$$

由于等式右边也可看作傅里叶变换，因此式(1.47)可变为

$$\sum_j \sum_m \sum_n \int \begin{bmatrix} \widetilde{J}_{xi}^* & 0 \\ 0 & \widetilde{J}_{yi}^* \end{bmatrix} \begin{bmatrix} \widetilde{G}_{xx} & \widetilde{G}_{xy} \\ \widetilde{G}_{yx} & \widetilde{G}_{yy} \end{bmatrix} \begin{bmatrix} \widetilde{J}_{xj}(\alpha_{mn}, \beta_{mn}) & 0 \\ 0 & \widetilde{J}_{yj}(\alpha_{mn}, \beta_{mn}) \end{bmatrix} \begin{bmatrix} c_{xj} \\ c_{yj} \end{bmatrix}$$

$$= -\begin{bmatrix} E_{x0}^i \widetilde{J}_{xi}(\alpha(0), \beta(0)) \\ E_{y0}^i \widetilde{J}_{yi}(\alpha(0), \beta(0)) \end{bmatrix}$$

$$(1.48)$$

而式(1.46)则变为

$$\sum_j \sum_m \sum_n \int \begin{bmatrix} \widetilde{J}_{xi}^* & 0 \\ 0 & \widetilde{J}_{yi}^* \end{bmatrix} \begin{bmatrix} \widetilde{G}_{xx} & \widetilde{G}_{xy} \\ \widetilde{G}_{yx} & \widetilde{G}_{yy} \end{bmatrix} \begin{bmatrix} \widetilde{J}_{xj}(\alpha_{mn}, \beta_{mn}) & 0 \\ 0 & \widetilde{J}_{yj}(\alpha_{mn}, \beta_{mn}) \end{bmatrix} \begin{bmatrix} c_{xj} \\ c_{yj} \end{bmatrix} - Z_s \begin{bmatrix} \iint J_{xi}^* J_{xi} \, \mathrm{d}s \\ \iint J_{yi}^* J_{yi} \, \mathrm{d}s \end{bmatrix}$$

$$= -\begin{bmatrix} E_{x0}^i \widetilde{J}_{xi}(\alpha(0), \beta(0)) \\ E_{y0}^i \widetilde{J}_{yi}(\alpha(0), \beta(0)) \end{bmatrix}$$

$$(1.49)$$

对 i、j 取不同的整数，结合式(1.48)和式(1.49)即可求解出传输系数和反射系数等参数。

从理论上来讲，谱域法可以用于分析任意形状的 FSS 模型。在求解运算时，谱域法既考

虑了场的周期性，也利用了电流分布的周期性，确保了求解结果的准确性。此外，谱域法需要构建的模型较为简单，计算量也比其他方法小。因此，谱域法在 FSS 分析中占据独特的地位。

3. 等效电路法

等效电路法是近几年来兴起的一种分析方法[8-11]。它基于准静态场假设，当 FSS 与电磁波发生相互作用时，通过将单元结构等效为电容、电感元件，从而获得相应的 LC 等效电路，最后从"路"的角度对 FSS 工作原理进行分析。通过构建等效电路模型，不仅使得 FSS 理论分析变得通俗易懂，而且能对 FSS 参数进行粗调，从而快速获得需要的滤波特性。

在运用等效电路法对 FSS 进行分析时，需遵循一些基本准则。图 1.12 所示为容性金属带栅结构。当电磁波照射到结构上时，电场分量会带动金属内部的电子朝着某一方向发生移动，随着电场方向的变化，感应电子在图 1.12(a)、(b)两种状态之间来回转换。当处于高频状态时，电场转向较快，电子长期处于振荡状态，此时入射波的能量被大幅吸收，传输系数较低。当处于低频状态时，由于电场转向较慢，电子的运动状态能保持不变直到电场方向发生改变，因此电子保持为图 1.12(a)、(b)所示的状态之一，处于不吸收电磁波能量的稳定态，从而大部分电磁波能正常传输。综合以上分析可知，入射波与容性金属带栅结构发生作用时的情况与低通滤波器的表现相近，因此，容性金属带栅结构可以等效为电容元件，其等效电路模型如图 1.13 所示。

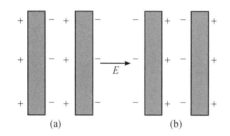

图 1.12 容性金属带栅结构

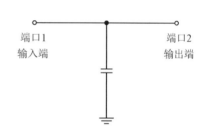

图 1.13 容性金属带栅结构的等效电路模型

感性金属带栅结构如图 1.14 所示。当电磁波照射到结构上时，在同一个周期内，大部分电子的运动方向是不变的。当处于低频状态时，电子在同一方向上移动的距离较大，对入射波能量的吸收较多，使得传输系数较低。当电磁波为高频入射波时，电子处于振荡状态，稍微一移动即改变方向，移动范围较小，对电磁波的能量吸收较少，大部分入射波能正常传输。在这种情况下，金属带栅结构与高通滤波器相似，因此可以等效为电感元件，其等效电路模型如图 1.15 所示。

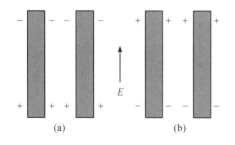

图 1.14 感性金属带栅结构

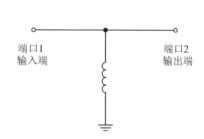

图 1.15 感性金属带栅结构的等效电路模型

　　对于简单的贴片型和孔径型 FSS 结构而言，可以容易地获得其等效电路模型。图 1.16 为贴片型偶极子周期阵列。由图 1.16(a)可见，当入射波照射到 FSS 表面时，FSS 会在谐振频率附近表现出反射特性，其余频段的电磁波则正常传输，其滤波特性类似于带阻滤波器。又由于条状金属贴片可以等效为电感，而相邻条状金属贴片之间的耦合作用可以用电容来表示，因此贴片型 FSS 可以等效为 LC 串联电路，如图 1.16(c)所示。

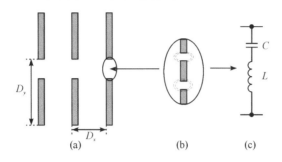

图 1.16　贴片型偶极子周期阵列

　　孔径型 FSS 的等效电路模型的推导过程与上述介绍类似。如图 1.17(a)所示，当电磁波入射时，FSS 在谐振频率附近表现出传输特性，其余频段的电磁波则被反射，其滤波特性类似于带通滤波器。由于贴片单元可以等效为电感，贴片单元之间的耦合作用可以等效为电容，因此孔径型 FSS 可用 LC 并联电路来表示，如图 1.17(d)所示。

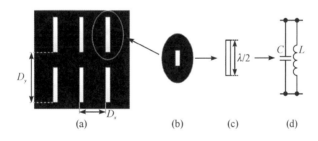

图 1.17　孔径型偶极子周期阵列

　　等效电路法因通俗易懂、简单直观而受到了人们的青睐，但其自身也存在着一些不足之处。通常来讲，等效电路法只适用于简单的 FSS 结构模型。对于复杂单元结构而言，由于存在着各种形式的耦合作用，因此很难使用电路模型来等效其滤波特性。此外，与模式匹配法和谱域法相比，等效电路法的计算精度略显不足，这限制了其发展。

1.7.3　频率选择表面的其他分析方法

　　除了前面提到的三种理论分析方法外，FSS 的分析方法还有很多。FSS 的所有分析方法大致可分为两类：一类为近似分析法，另一类为严格分析法。等效电路法就属于近似分析法。此外，近似分析法中还包括点匹配法、变分法和多模等效网络法等。近似分析法采用的是标量分析，因而分析时只能得到相应的幅值，无法得到对应的相位信息。与近似分析法相比，严格分析法能获得更准确的计算结果，并且能得到对应的相位信息。模式匹配法和谱域法属于严格分析法。此外，严格分析法还包括有限元法、互阻抗法、时域有限差分法和频域有限差分法等。虽然严格分析法存在步骤过于复杂、计算时间冗长等缺点，但近几年来在计算机技术的辅助下，这些缺点已经逐步得到了克服。

随着人们对 FSS 性能要求的提高，其单元结构也在向着不断复杂的方向发展。在面对一些极其复杂的单元结构时，即使使用计算机求解也会出现计算时间过长的问题。为了提高计算效率，人们又在前人的基础上提出了一些新的分析方法，其中包括级联法和耦合积分法[12]。级联法主要用于分析多层级联结构。采用级联法时，将多层结构切割为小块单元，对每小块单元进行分析后再将其级联起来，从而得到整体的电磁散射特性。由于切割方式不同，因此最终获得的计算结果也不同。耦合积分法则基于层与层之间场的耦合关系，结合电磁场边界条件建立起一系列积分方程，最后对积分方程进行求解运算。耦合积分法在运算时涵盖了不同层之间场的耦合关系，因而可以得到各层的感应电流以及层与层之间场的分布，伴随而来的缺点就是层数越多，计算过程也越复杂。

1.7.4 频率选择表面的结构特性

FSS 通常分为一维频率选择表面和二维频率选择表面，分别如图 1.18(a)和(b)所示，两者都是由大量的无源谐振单元按一定规则排列而成的周期性阵列。当电磁波入射时，FSS 上的无源谐振单元会与之发生相互作用，从而使得 FSS 在特定频段上表现出带通(透射)或带阻(反射)特性。由于其独特的空间滤波特性，FSS 在电磁波控制领域拥有巨大的发展潜力。

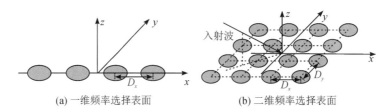

(a) 一维频率选择表面　　　　　(b) 二维频率选择表面

图 1.18　频率选择表面示意图

FSS 按照单元特性可划分为两种类型：一类是贴片型 FSS，另一类是孔径型 FSS。贴片型 FSS，顾名思义，其无源谐振单元由特定形状的金属贴片组合而成。当电磁波入射时，贴片型 FSS 会在谐振频率附近呈现反射特性。孔径型 FSS 的无源谐振单元则由特定形状的孔径组成。当电磁波入射时，孔径型 FSS 在谐振频率附近会表现出透射特性。

通常 FSS 会附着在介质基底上，介质基底除了支撑 FSS 和增大机械强度外，还会对 FSS 的滤波特性产生一定影响。不同的介电常数、介质损耗和介质厚度对 FSS 滤波特性的影响不同。一般来说，介电常数越大，谐振频率越低；介质损耗越大，传输损耗也越大；介质厚度越大，角度稳定性则越好。基于以上原因，在设计 FSS 时，通常会结合介质基底进行一体化设计，从而避免额外考虑介质基底对设计结果的影响。

对于 FSS 这一空间滤波器，除了介质基底外，还有很多因素会对其滤波特性产生影响。其中，内在因素包括单元结构、单元周期等，外在因素包括电磁波的入射角度和极化方式等。因此，只有在了解每个因素对 FSS 滤波特性有何影响的基础上，才能最终获得令人满意的结果。

1. 单元结构

通常所说的 FSS 设计实际上都是对 FSS 单元结构的设计，一个合适的单元结构对实现理想的滤波特性有着至关重要的作用。因此，合理设计单元结构是实现理想滤波特性的先决条件。

2．单元周期

单元周期的影响主要体现在改变工作频率和工作带宽上。一般来说，单元周期越大，FSS 的工作频率越低，工作带宽越窄。与此同时，当单元周期过大时，会引起栅瓣的出现；当栅瓣靠近工作频带时，会对滤波特性造成不可忽略的影响。

3．入射角度

入射角度指的是电磁波入射方向与 FSS 表面垂直方向的夹角。通常讲述最多的是电磁波垂直照射到表面（即入射角为 0°）时的情况。而在现实中，大多数情况下都存在一定的夹角。当夹角发生改变时，会对工作频率和工作带宽产生影响。一般的设计中都希望 FSS 滤波特性对入射角的敏感度越低越好。

4．极化方式

电磁波入射时，电场方向不同代表着极化方式也不同。在 FSS 设计中，一般只需要考虑 TE 极化波和 TM 极化波。当处于 TE 极化时，随着入射角的增大，工作带宽也会增大；当处于 TM 极化时，随着入射角的增大，工作带宽会减小。在大多数设计中，希望 FSS 滤波特性对极化方式的敏感度越低越好。

总而言之，在进行 FSS 设计时，很多因素会对最终的结果产生影响，因此，在设计时必须对各个因素加以考虑，然后从多个方面对其进行优化。一般的设计原则是：首先利用内在因素设计需要的滤波特性，然后尽可能地减小外在因素的影响。只有统筹兼顾，才能获得令人满意的滤波特性。

本 章 小 结

本章主要介绍了新型人工电磁材料和新型电磁传输线的基本概念，重点阐述了各向异性超表面的极化调控原理、等效介质理论、复合左右手传输线理论、蘑菇型电磁带隙结构、人工磁导体和频率选择表面的基本理论。本章为后续各章内容的基础。

第 2 章 基于复合左右手传输线的
漏波天线

漏波天线因结构形式的不同分为两种类型，即均匀漏波天线与周期漏波天线。均匀漏波天线的辐射口径沿着电磁传播方向是均匀分布的，周期漏波天线的辐射结构沿着传播方向是周期调制的。两种类型的漏波天线在原理上是相似的，但它们的性能特性是不同的，在设计中面临的问题也不尽相同。

在漏波天线研究的前期，研究学者均认为传输线的相位常数只能为正值，因此漏波天线也只能实现前向辐射，随着左手材料，特别是 CRLH-TL 理论的提出，漏波天线的研究出现了新的思路。因为 CRLH-TL 具有更加灵活可控的传输常数，所以基于 CRLH-TL 能够设计出更加灵活多变的漏波天线，而等效电路仿真研究是重要的研究方法，它能够更加形象地表征电磁传输线中存在的电磁现象，将其应用于漏波天线的设计，能够更加简便有效地达到设计目的，降低计算复杂度。

在漏波天线的设计中，天线扫描范围是一个重要的参数，这一参数直接影响漏波天线的适用范围。在实现漏波天线宽角度、前后向连续扫描时，克服开阻带效应是漏波天线设计的难点。通过将处于平衡状态下的 CRLH-TL 应用于漏波天线的设计，能够实现漏波天线主波束的前后连续扫描，克服开阻带效应对主波束增益的影响。本章从 CRLH-TL 单元设计入手，通过等效电路模型研究电磁效应，通过改变单元结构尺寸参数研究不同尺寸结构下的电磁特性变化，从而更好地实现漏波天线的设计。

2.1 漏波天线的基本原理

2.1.1 均匀漏波天线

图 2.1 为均匀一维漏波天线的辐射示意图。漏波天线由一个均匀传输波导结构组成，波导的长度为 L。"漏波"就是指边传输边泄漏。漏波在纵向 $+z$ 方向的传播特性 k_z 由相移常数 β_z 和衰减常数 α_z 表示，其中 α_z 是单位长度上电磁能量衰减的量度，L 是线源天线的孔径长度，沿孔径传播波的振幅和相位分别由 β_z 和 α_z 决定。当泄漏波导沿 $+z$ 方向完全均匀时，孔径分布的电场具有指数形式的振幅变化和相位变化。

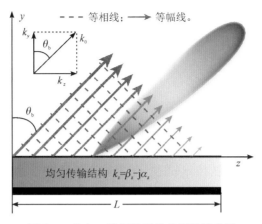

图 2.1　均匀一维漏波天线的辐射示意图

设激励源为时谐场 $E_0 \mathrm{e}^{-\mathrm{j}\omega t}$，则沿着 $+z$ 轴的电场强度可以表达为 $E_0 \mathrm{e}^{-\mathrm{j}(\omega t + \beta_z z) - \alpha_z z}$，与此同时，自由空间的电场强度的表达式为

$$E(y, z) = E_0 \mathrm{e}^{-\mathrm{j}(\omega t - \beta_z z - \beta_y y) - (\alpha_z z + \alpha_y y)} \tag{2.1}$$

其中，$k_y = \beta_y - \mathrm{j}\alpha_y$，表示电磁波沿 y 轴的传播常数，β_y 和 α_y 分别表示为沿 y 轴方向的相移常数和衰减常数。另一方面，因为自由空间的传播常数 $k_0 = \omega \sqrt{\mu_0 \varepsilon_0}$，因此有

$$k_z^2 + k_y^2 = (\beta_z - \mathrm{j}\alpha_z)^2 + (\beta_y - \mathrm{j}\alpha_y)^2 = k_0^2 \tag{2.2}$$

式(2.2)两侧的虚部为 0，所以可以得到

$$\alpha_z \beta_z + \alpha_y \beta_y = 0 \tag{2.3}$$

因为电磁波都是向外侧传播，所以相移常数 β_z、β_y 均大于 0；另一方面，随着电磁波向 $+z$ 轴传播，电磁波逐渐向空间辐射电磁能量，因此，电磁能量是逐渐衰减的，所以 α_z 是大于 0 的，可以得到 α_y 小于 0，即随着电磁波向 $+y$ 轴传播，电磁能量呈指数增加。这说明在 y 轴取无限大时，其对应的电磁能量达到无限大，这明显不符合电磁场分布的边界条件。事实上，上述边界条件成立的前提是：在整个 z 轴分布着逐渐衰减的电磁激励源，且这个激励源在 z 轴取到 $-\infty$ 时其幅度达到无穷大。然而，激励源位于 $z=0$ 处，在 $z<0$ 时，并没有电磁能量的泄漏，因此电磁能量分布于一个楔形内，取 $z=z_0$，当 $y > z_0 \tan\theta_b$ 时，自由空间中的电磁能量为 0，这样就不会违背无限远处这一边界条件了。类似地，当 β_z、α_z、β_y、α_y 的取值发生变化时，波的形式发生变化。这种具有复传输系数的波称为复合波。

如图 2.1 所示，漏波天线最大的辐射方向由对应的传播常数决定，它们之间存在着简单的关系：

$$\theta_b = \arcsin\left(\frac{k_z}{k_0}\right) \tag{2.4}$$

其中，$k_z = \beta_z - \mathrm{j}\alpha_z$，衰减常数 α_z 远小于相移常数 β_z，所以漏波天线的主波束方向又可以近似表达为

$$\theta_b \approx \arcsin\left(\frac{\beta_z}{k_0}\right) \tag{2.5}$$

由于 β_z 随着频率的变化而变化，因此均匀漏波天线的波束方向可以由激励源的频率进

行控制。对于均匀漏波天线而言，其孔径分布的电场强度沿着传播方向呈指数形式变化，因此其主波束宽度可以近似表示为

$$\Delta\theta_{3\,\mathrm{dB}} \approx \frac{1}{(L/\lambda_0)\cos\theta_b} = \frac{k_0}{(L/\lambda_0)\sqrt{k_0^2 - \beta_z^2}} \tag{2.6}$$

在式(2.5)和式(2.6)中，θ_b 表示漏波天线的主波束指向角，L 表示漏波天线的长度，$\Delta\theta_{3\,\mathrm{dB}}$ 表示主波束扫描时对应的 3 dB 波束宽度，λ_0 为自由空间对应的波长。由式(2.6)可以看出，波束宽度主要由天线长度 L 决定。

通常情况下，可以通过对孔径分布进行傅里叶变换得到辐射模式。当漏波天线的几何形状沿天线纵向分布保持不变时，孔径场分布由传输系数 β_z 和 α_z 决定，电场强度大小沿传输方向是按指数衰减的。如果漏波结构在传输方向上无限大，则辐射方向图 $R(\theta)$ 由以下公式近似给出：

$$R(\theta) \approx \frac{\cos^2\theta}{(\alpha/k_0)^2 + (\beta/k_0 - \sin\theta)^2} \tag{2.7}$$

由式(2.7)可以看出，在天线的长度无限大时，漏波天线不存在副瓣；如果天线长度是有限的，则天线方向图的表达式会变得更加复杂，并且会出现副瓣。

均匀漏波天线的衰减主要是由介质损耗、金属损耗以及辐射损耗造成的，因为介质损耗与金属损耗远小于辐射损耗，所以通常情况下，漏波天线的衰减忽略介质损耗与金属损耗，只考虑辐射损耗，此时衰减常数就是泄漏系数。均匀漏波天线的辐射效率 η_{rad} 由漏波天线的长度 L 和泄漏系数 α_z 决定：

$$\eta_{\mathrm{rad}} = 1 - \mathrm{e}^{-2\alpha_z L} \tag{2.8}$$

如图 2.1 所示，设电磁波在 $z(0 \leqslant z \leqslant L)$ 处传输功率为 $P(z)$，则漏波天线的输入功率为 $P(0)$，终端负载的吸收功率为 $P(L)$。根据传输线结构中电磁能量变化的规律，传输功率 $P(z)$ 可以表示为

$$P(z) = P(0)\mathrm{e}^{-2\alpha_z z} \tag{2.9}$$

天线的辐射效率也可以由输入功率与终端负载的吸收功率进行表示：

$$\eta_{\mathrm{rad}} = 1 - \frac{P(L)}{P(0)} \tag{2.10}$$

一般情况下，均匀漏波天线的衰减常数 α_z 与结构的位置无关，但是在设计漏波天线时，为了改善天线的某些辐射性能(如天线副瓣、辐射零点、交叉极化等)，天线辐射的口径不再是均匀不变的，此时漏波天线的辐射常数表示为天线传播方向上的函数 $\alpha_z(z)$。此时，传输功率 $P(z)$ 可表示为

$$P(z) = P(0)\mathrm{e}^{-2\int_0^z \alpha_z(x)\mathrm{d}x} \tag{2.11}$$

衰减常数 $\alpha_z(z)$ 与传输功率 $P(z)$ 之间的关系也可以表示为

$$\alpha_z(z) = -\frac{\mathrm{d}P(z)}{2P(z)\mathrm{d}z} \tag{2.12}$$

通常漏波天线会有两个端口，一个为馈电端口，另一个为阻抗匹配端口，此时漏波天线可以看作有耗的双端口网络，其相关传输特性通过散射矩阵参数来表达，而漏波天线的辐射效率 η_{rad} 和 S 参数的关系可表示为

$$\eta_{\text{rad}} = 1 - (S_{11}^2 + S_{21}^2) \tag{2.13}$$

在漏波天线的工程应用中，天线的长度总是有限的，激励源的功率不可能全部向自由空间辐射。在保证足够的电磁能量辐射到自由空间后，在漏波天线的终端会采用匹配负载吸收多余的能量，采用这样的措施一方面使输入能量有效进行辐射，另一方面使漏波天线满足尺寸紧凑、符合工程应用的需求。当漏波天线拥有 90% 以上的辐射效率时，泄漏系数 α_z 与天线长度 L 近似满足以下关系：

$$L\alpha_z \approx 0.18 k_0 \lambda_0 \tag{2.14}$$

通过上述分析，关于均匀漏波天线，可以得到以下结论：

（1）在均匀漏波天线的研究中，相移常数 β_z 和衰减常数 α_z 是十分重要的指标，它们基本决定了漏波天线的性能，包括天线远场辐射、辐射效率、天线频扫特性、天线波束宽度等。

（2）衰减常数 α_z 越大，说明漏波天线在固定长度上的电磁泄漏量越大，电磁能量沿着传输结构的衰减越迅速，从而导致电磁波辐射的有效长度越短，天线的波束宽度就应该越大；而当衰减常数 α_z 减小时，单位长度漏波天线的电磁波能量的泄漏量变小，辐射相同电磁能量所需传输结构的长度就会变大，此时天线主波束的宽度将变窄。

（3）天线主波束的指向主要取决于相移常数 β_z 与自由空间波数 k_0 的比值 β_z/k_0。β_z/k_0 的大小随着工作频率变化而变化，因此调节 β_z/k_0 在不同频率上的大小，能够实现对主波束指向的调控，实现波束的扫描。

（4）漏波天线的辐射效率取决于漏波天线辐射结构的长度与泄漏常数的大小。

2.1.2　周期漏波天线

图 2.2 所示的周期漏波天线沿着波导结构是周期性调制的，根据 Floquet 定理可以知道，在给定的传输模式与稳态频率下，对于周期分布的导体，单元上分布的电场在幅值上相等，在相位上具有特定的差值。用 $E(x,y,z)$ 描述沿着周期漏波天线的电场强度，则根据 Floquet 定理得到：

$$\frac{E(x,y,z)}{E(x,y,z+p)} = \frac{E(x,y,z+p)}{E(x,y,z+2p)} = \frac{E(x,y,z+np)}{E[x,y,z+(n-1)p]} = e^{-jk_z p} \tag{2.15}$$

其中，k_z 为电磁波沿 z 轴传播的传播常数，$k_z = \beta_z - j\alpha_z$，这与均匀漏波天线中的定义相同。

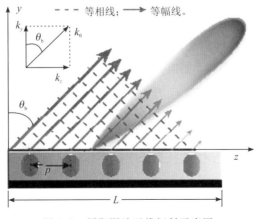

图 2.2　周期漏波天线辐射示意图

根据式(2.15)，可以简单得到关系式：

$$E(x, y, z+np) = e^{-jk_z np}E(x, y, z) \tag{2.16}$$

另外定义一个场 $U(x, y, z) = e^{jk_z z}E(x, y, z)$，由该场的定义和式(2.16)可以得到：

$$\begin{aligned}U(x, y, z+np) &= e^{jk_z(z+np)}E(x, y, z+np)\\ &= e^{jk_z(z+np)}e^{-jk_z np}E(x, y, z) = e^{jk_z z}E(x, y, z)\\ &= U(x, y, z)\end{aligned} \tag{2.17}$$

因此，可以知道新定义的场 $U(x, y, z)$ 在 z 方向上是以 p 为周期的周期函数。紧接着，对于周期变化的场 $U(x, y, z)$ 进行傅里叶级数展开，得到：

$$U(x, y, z) = \sum_{-\infty}^{\infty} a_n(x, y)e^{-j\frac{2\pi n z}{p}} \tag{2.18}$$

由式(2.18)和场 $U(x, y, z)$ 的定义得到周期漏波天线波导结构中电场强度的级数表达：

$$\begin{aligned}E(x, y, z) &= e^{-jk_z z}U(x, y, z) = e^{-jk_z z}\sum_{-\infty}^{\infty}a_n(x, y)e^{-j\frac{2\pi n z}{p}}\\ &= \sum_{-\infty}^{\infty}a_n(x, y)e^{-j(\frac{2\pi n}{p}+k_z)z} = \sum_{-\infty}^{\infty}a_n(x, y)e^{-j(\frac{2\pi n}{p}+\beta_z-j\alpha_z)z}\\ &= \sum_{-\infty}^{\infty}a_n(x, y)e^{-j(\frac{2\pi n}{p}+\beta_z)z-\alpha_z z}\end{aligned} \tag{2.19}$$

由式(2.19)可以看出，周期漏波天线中的电场强度可以表达为无限个电场强度的叠加，这些电场的模式称为 Floquet 模式，对应的电磁波称为空间谐波。对于 n 阶谐波，其相移常数 β_{zn} 和衰减常数 α_{zn} 和均匀漏波天线的这两个参数存在着一定的关系：

$$\begin{cases}\beta_{zn} = \dfrac{2n\pi}{p}+\beta_z\\ \alpha_{zn} = \alpha_z\end{cases} \quad (n=\cdots, -2, -1, 0, 1, 2, \cdots) \tag{2.20}$$

Floquet 模式空间谐波的衰减常数与均匀漏波天线的一致，相移常数存在着周期变化。通常情况下，均匀漏波天线的相移常数为正数，根据波束指向与相移常数之间的关系可知，均匀漏波天线只能实现前向的波束扫描，不能实现侧向及后向的波束扫描。然而，对于 Floquet 模式谐波而言，其相移常数 β_{zn} 可以为正数、负数以及 0，这正是超材料的体现。这说明周期漏波天线可以实现后向、侧向以及前向的波束扫描，大大增加了漏波天线的扫描范围。需要说明的是，尽管空间谐波具有不同的相移常数，但是群速度是相同的，不同阶数的空间谐波的能量传播都是一致的。

2.2 基于复合左右手传输线的对称周期漏波天线

2.2.1 单元设计与分析

周期分布漏波天线可以看作串馈天线阵列，串馈结构中对称结构的辐射单元具有低交叉极化的特征。图 2.3 为新型 CRLH-TL 的单元结构示意图,单元结构关于结构几何中心呈现出严格的对称特性。单元的下表面为全金属,并且通过两个金属化过孔连接上表面的金属结构;单元上表面为一个矩形金属贴片结构,结构正中心为矩形的槽缝。单元采用的介质为 Rogers RT 5880,相对介电常数为 2.2,正切角损耗为 0.0009,介质的厚度 $H=0.508$ mm。整个单元的结构是对称的,因此,单元结构的等效电路模型可以用 T 形电路网络来表示。

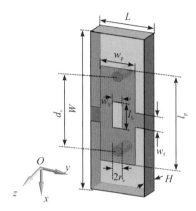

图 2.3　单元结构示意图

图 2.4 为单元结构等效电路模型。其中,Z_s 为串联阻抗,Z_p 为并联阻抗,串联阻抗与并联阻抗形成辐射元。上层贴片中的矩形槽缝在电磁传输过程中表现为电容效应,对应等效电路中的串联左手电容 C_L;两个金属化过孔等效为并联左手电感 L_L,传输线的右手特性与传统微带线结构的表征一致。左手串联电容 C_L 与对应的右手串联电感 L_R 形成串联谐振,对应的谐振频率 $f_s=\dfrac{1}{2\pi\sqrt{L_R C_L}}$。同理,左手并联电感 L_L 与右手并联电容 C_R 也会形成并联谐振。

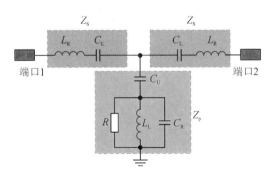

图 2.4　单元结构等效电路模型

单元结构的初始尺寸参数:$L=10.5$ mm,$W=30$ mm,$l_p=20$ mm,$w_p=7.3$ mm,$l_s=5.3$ mm,$w_s=1.6$ mm,$d_v=17.4$ mm,$r_v=0.5$ mm,$w_f=2.8$ mm,$H=0.508$ mm。采用全波电磁仿真软件 HFSS(High Frequency Structure Simulator)对单元结构进行建模仿真,得到单元结构的 S 参数,如图 2.5 所示。其中,图 2.5(a)为 S 参数幅值曲线,图 2.5(b)为 S 参数相位曲线。从图中可以看出,在 10 GHz 到 14 GHz 的频率范围内,传输线单

元表征出带通频率选择特性，通带范围内具有两个传输极点。

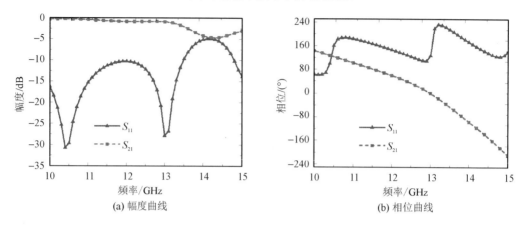

(a) 幅度曲线　　　　　　　　　　(b) 相位曲线

图 2.5　单元结构的 S 参数

采用 ADS(Advanced Design System)软件对图 2.4 中的等效电路模型进行建模，将仿真电路的 S 参数与全波仿真得到的 S 参数曲线进行拟合，能够得到对应 T 形等效电路模型中集总元件的参数值，如表 2.1 所示。全波仿真和等效电路仿真的 S 参数对比如图 2.6 所示。

表 2.1　由等效电路模型得到的集总元件的拟合值

集总元件参数	L_R	C_R	L_L	C_L	R	C_U
数值	1.80 nH	0.41 pF	0.36 nH	0.083 pF	10 kΩ	1.11 pF

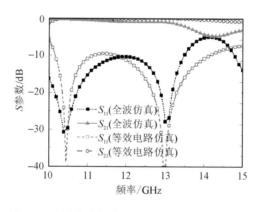

图 2.6　全波仿真与等效电路仿真的 S 参数对比

从图 2.6 中可以看出，CRLH-TL 单元结构的全波仿真和等效电路仿真的 S 参数曲线吻合良好，这说明了等效电路仿真分析的有效性。在 10 GHz 到 15 GHz 的频率范围内，全波仿真与等效电路仿真的 S 参数具有相似的变化趋势，均表现出带通频率选择特性。在 10.5 GHz 和 13.0 GHz 两个频率点上，单元的全波仿真和等效电路仿真均产生传输极点。虽然全波仿真与等效电路仿真的 S 参数具有良好的吻合效果，但是在某些频率范围内存在着一定的差异。这些差异并不能说明等效电路不合理或者错误，这是因为在全波仿真中，电磁结构产生的效应并不能完全等效为电容或者电感效应，并且随着频率的变化，对应结构的电磁效应也是会发生变化的。

2.2.2　单元结构参数分析

本节主要研究单元结构参数对电磁性能的影响，从而更加深入地了解单元结构的特性，为漏波天线的设计提供参考。在本节中，单元结构的介质参数不变，均为介质 Rogers RT 5880，相对介电常数为 2.2。这里主要研究矩形贴片尺寸和矩形缝隙尺寸对单元结构电磁特性的影响。

在研究单元结构参数对单元结构电磁特性的影响前，需要给出研究的电磁特性参数。串联阻抗 Z_s 与并联导纳 $Y_p(1/Z_p)$ 直接决定了等效电路的阻抗匹配性能，是 T 形等效电路中重要的参数。根据 T 形等效电路模型以及转移参数矩阵的定义，等效电路模型中转移参数矩阵可以表示为

$$\begin{bmatrix} A & B \\ C & D \end{bmatrix} = \begin{bmatrix} 1 + \dfrac{Z_s}{Z_p} & 2Z_s + \dfrac{Z_s^2}{Z_p} \\ \dfrac{1}{Z_p} & 1 + \dfrac{Z_s}{Z_p} \end{bmatrix} \tag{2.21}$$

其中，Z_s 为 T 形等效电路中的串联阻抗，Z_p 为电路中的并联阻抗，分别对应图 2.4 中虚线框中的等效阻抗。根据虚线框内的电路模型结构，可以得到 Z_s 和 Z_p 与模型中集总元件之间的关系：

$$\begin{cases} Z_s = \mathrm{j}\omega L_R + \dfrac{1}{\mathrm{j}\omega C_L} \\ Z_p = \dfrac{1}{\mathrm{j}\omega C_U} + \dfrac{1}{\dfrac{1}{R} + \dfrac{1}{\mathrm{j}\omega L_L} + \mathrm{j}\omega C_R} \end{cases} \tag{2.22}$$

另一方面，根据散射参数矩阵 $\boldsymbol{S}$ 与归一化转移参数矩阵 $\boldsymbol{A}$ 之间的关系：

$$\begin{cases} \overline{A} = \dfrac{1 - |\boldsymbol{S}| + S_{11} - S_{22}}{2S_{21}} \\ \overline{B} = \dfrac{1 + |\boldsymbol{S}| + S_{11} + S_{22}}{2S_{21}} \\ \overline{C} = \dfrac{1 + |\boldsymbol{S}| - S_{11} - S_{22}}{2S_{21}} \\ \overline{D} = \dfrac{1 - |\boldsymbol{S}| - S_{11} + S_{22}}{2S_{21}} \end{cases} \tag{2.23}$$

得到对应 T 形等效电路中归一化阻抗参数 $\overline{Z_s}$ 和 $\overline{Z_p}$ 的表达式为

$$\begin{cases} \overline{Z_s} = \dfrac{1 + S_{11} - S_{21}}{1 - S_{11} + S_{21}} \\ \overline{Z_p} = \dfrac{2S_{21}}{(1 - S_{11} + S_{21})(1 - S_{11} - S_{21})} \end{cases} \tag{2.24}$$

传输线的传输系数是研究漏波天线性能非常重要的参数，但在传输线单元研究中并不能直接得到，需要通过散射参数的转换才能得到，具体参数如下：

$$\gamma(\omega)d = \left[\alpha(\omega) + \mathrm{j}\beta(\omega)\right]d = \mathrm{arcosh}\left(\frac{\overline{A}+\overline{D}}{2}\right)$$

$$= \mathrm{arcosh}\left(1 + \frac{Z_{\mathrm{s}}}{Z_{\mathrm{p}}}\right) = \mathrm{arcosh}(1 + Z_{\mathrm{s}}Y_{\mathrm{p}}) \tag{2.25}$$

从式(2.25)中可以看出，CRLH-TL 的传输系数与串联阻抗 Z_{s} 和并联导纳 Y_{p} 的乘积密切相关，单元结构参数的取值直接决定了单元结构的电磁传输特性以及漏波天线的性能。

1. 矩形贴片尺寸参数分析

矩形贴片的尺寸参数主要涉及两个参数，分别是矩形贴片的宽度 w_{p} 和长度 l_{p}。矩形贴片尺寸的变化能够影响等效电路中电容效应和电感效应的变化，同时，矩形贴片也是电磁波泄漏进行辐射的重要部分，因此研究其尺寸变化对漏波天线设计有重要意义。保持单元结构的其他参数不变，分别对矩形贴片的长度和宽度进行调整，取宽度 w_{p} 为6.9 mm、7.1 mm、7.3 mm、7.5 mm 和7.7 mm，得到单元结构的散射参数、归一化等效串联阻抗 Z_{s}、归一化等效并联导纳 Y_{p} 以及单元结构相位色散曲线随着频率变化的曲线，如图 2.7(a)、图 2.8(a)、图 2.9(a)和图 2.10(a)所示；分别取矩形贴片的长度 l_{p} 为19 mm、19.5 mm、20 mm、20.5 mm 和21 mm，单元结构的散射参数、归一化等效串联阻抗 Z_{s}、归一化等效并联导纳 Y_{p} 以及单元结构相位色散曲线随着频率变化的曲线，如图 2.7(b)、图 2.8(b)、图 2.9(b)和图 2.10(b)所示。在进行单元结构尺寸参数研究时，均要保证其他所有参数保持不变。

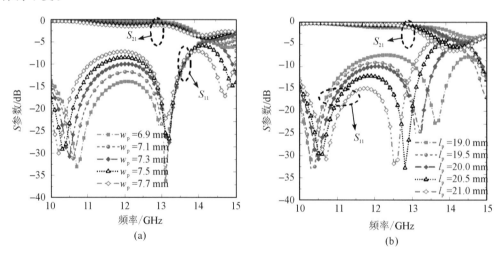

图 2.7　散射参数随着频率变化的曲线

从图 2.7(a)中可以看出，随着矩形贴片宽度的变大，单元结构的第一个传输极点向低频方向移动，第二个传输极点基本不变，这说明矩形贴片越宽，对应的单元结构会有越宽的带宽；从图 2.7(b)中可以看出，矩形贴片的长度主要影响单元结构 S 参数曲线的第二个传输极点，随着 l_{p} 变大，第二传输极点减小。与此同时，贴片的长度一定程度上对第一极点也有影响，随着长度的变化，第一极点变大，两个传输极点相互靠近。

从图 2.8(a)中可以看出，随着矩形贴片宽度的变大，串联阻抗的实部基本维持在零附近，并不会有明显的变化，对应归一化等效串联阻抗的虚部数值变大，虚部数值的取值曲线与零值的交点向低频方向移动；从图 2.8(b)中可以看出，不同长度矩形贴片的归一化曲线基本重合，说明矩形贴片的长度对并联阻抗的大小没有明显的影响。

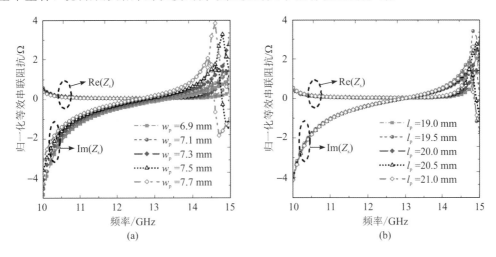

图 2.8　归一化等效串联阻抗随着频率变化的曲线

从图 2.9(a)中可以看出，随着矩形贴片宽度的变大，并联导纳的实部基本维持在零附近，并联导纳的虚部数值的变化主要体现在高频部分，在高频部分矩形贴片的宽度越大，对应并联导纳的虚部数值越小；从图 2.9(b)中可以看出，矩形贴片的长度主要影响归一化等效并联导纳虚部的取值，其实部也是维持在零附近，随着矩形贴片的长度变长，其虚部的取值变大，虚部数值的取值曲线与零的交点向低频移动。

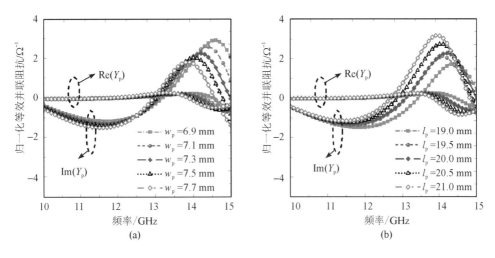

图 2.9　归一化等效并联导纳随着频率变化的曲线

从图 2.10(a)中可以看出，随着矩形贴片宽度的变大，单元结构的相位色散曲线向低频方向移动，相位色散曲线与横坐标的交点是对应 CRLH-TL 在平衡状态下的频率点。当其他参数的取值不变、贴片宽度取 7.3 mm 时，对应等效的 CRLH-TL 达到平衡状态。当矩形贴片宽度增大或者减小时，传输线偏离平衡状态而形成非平衡状态电路。基于非平衡状态设计的漏波天线会受到开阻带的影响，不能实现前后区间波束的连续扫描。同理，矩形贴

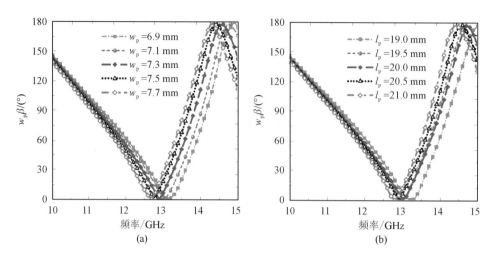

图 2.10　单元结构相位色散曲线随着频率变化的曲线

片的长度对相位色散曲线的影响规律相同，在其他参数不变的情况下，当对应 CRLH-TL 达到平衡状态时，矩形贴片长度的取值为 20 mm。

2. 矩形缝隙尺寸参数分析

在矩形贴片上刻制的矩形缝隙的尺寸参数主要涉及缝隙宽度 w_s 和缝隙长度 l_s。矩形缝隙主要对串联阻抗中的左手电容有影响，通过调节缝隙的尺寸大小，可以改变等效电路中左手串联电容的大小。保持单元结构的其他参数不变，分别对矩形缝隙的长度和宽度进行调节，取宽度 w_s 为 1.4 mm、1.5 mm、1.6 mm、1.7 mm 和 1.8 mm，得到单元结构的散射参数、归一化等效串联阻抗 Z_s、归一化等效并联导纳 Y_p 以及单元结构相位色散曲线随着频率变化的曲线，如图 2.11(a)、图 2.12(a)、图 2.13(a)和图 2.14(a)所示；分别取矩形缝隙的长度 l_s 为 4.9 mm、5.1 mm、5.3 mm、5.5 mm 和 5.7 mm，得到单元结构的散射参数、归一化等效串联阻抗 Z_s、归一化等效并联导纳 Y_p 以及单元结构相位色散曲线随着频率变化的曲线，如图 2.11(b)、图 2.12(b)、图 2.13(b)和图 2.14(b)所示。

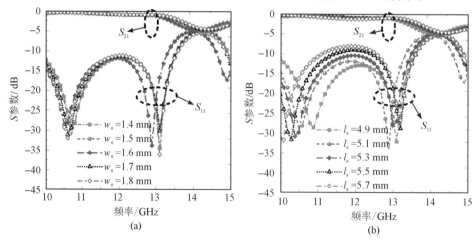

图 2.11　散射参数随着频率变化的曲线

从图 2.11(a) 中可以看出，随着矩形缝隙宽度的变大，单元结构的传输极点基本维持不变，缝隙宽度的变化对散射参数的影响不明显；从图 2.11(b) 中可以看出，矩形缝隙的长度对两个传输极点均有影响，随着缝隙长度增大，第一个传输极点逐渐变小，而第二个传输极点在长度为 5.1 mm 处达到最小值。

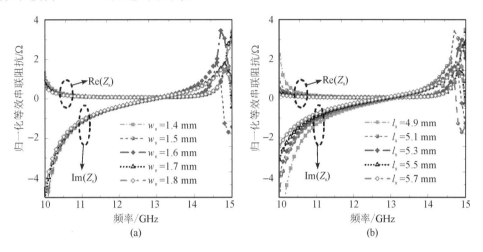

图 2.12　归一化等效串联阻抗随着频率变化的曲线

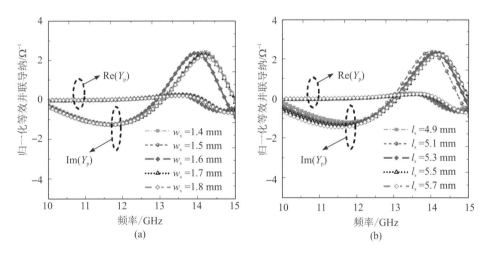

图 2.13　归一化等效并联导纳随着频率变化的曲线

图 2.12、图 2.13、图 2.14 分别表示归一化等效串联阻抗、归一化等效并联导纳以及单元结构相位色散曲线随着频率变化的曲线。从图中可以看出，缝隙结构尺寸对三者的影响并不是特别明显。从上面的仿真结果可以看出，串联阻抗和并联导纳的实部取值基本都在零的附近，而结构参数的变化大多影响的是对应虚部的取值。由式 (2.25) 可以看出，传输系数的取值变化主要发生于对应串联阻抗和并联导纳与零的交点处，此时的频率是漏波天线发生侧向辐射时的频率点。从图中可以看出，在 13 GHz 左右时，基于 CRLH-TL 的漏波天线会发生侧向辐射。

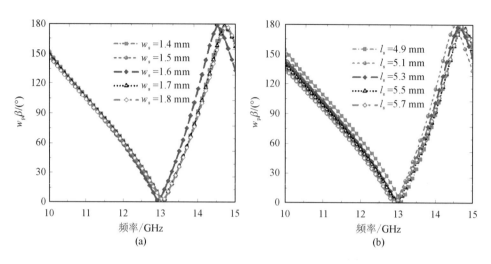

图 2.14 单元结构相位色散曲线随着频率变化的曲线

2.2.3 天线性能分析

图 2.15 为基于前述 CRLH-TL 的新型漏波天线的结构示意图。其中，图 2.15(a)为漏波天线的辐射示意图，图 2.15(b)为天线结构，天线的整体尺寸为 $L \times W$。天线由 10 个单元结构组成，单元结构具有相同的结构尺寸参数，端口 1 接信号源，进行能量输入，端口 2 接匹配负载，吸收漏波天线未辐射的多余能量。由式(2.4)，结合单元结构的色散特性可以

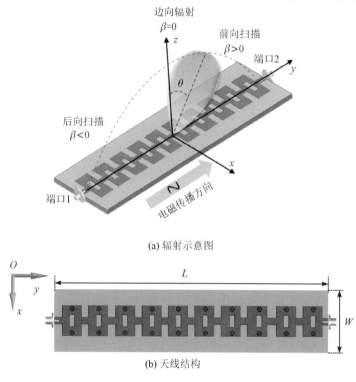

(a) 辐射示意图

(b) 天线结构

图 2.15 漏波天线设计

知道，在 10～13 GHz 频率范围内传输线结构工作于左手状态，泄漏的电磁波向后向辐射；在 13 GHz 时天线朝侧向进行辐射；当频率大于 13 GHz 时，传输线结构工作于右手状态，天线朝前向辐射电磁波。

通过电磁软件仿真与实物测试对比可以验证漏波天线设计的有效性。图 2.16 为漏波天线的实物图，整体尺寸为 110 mm×40 mm×0.508 mm。采用 N5230C 矢量网络分析仪对天线样品的散射参数矩阵进行测量，在电磁仿真软件 HFSS 中对设计的漏波天线进行建模仿真，仿真采用二端口网络仿真的形式，在两个端口均加载信号源，信号源内阻均为 50 Ω。将仿真与测试的散射矩阵参数结果同时绘制在图上，如图 2.17 所示。

图 2.16　漏波天线的实物图

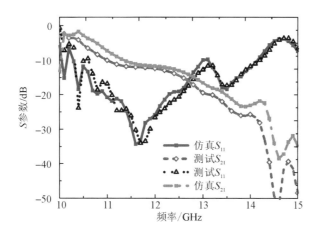

图 2.17　漏波天线的测试与仿真的 S 参数对比

从图 2.17 中可以看出，仿真与测试结果变化趋势一致，吻合较好，这证明了漏波天线设计的有效性。通过观测反射系数曲线可以看出，在 10.2～13.6 GHz 的频率范围内，天线的反射系数小于 −10 dB，这说明天线在这个频率范围内有良好的阻抗匹配特性；在 13 GHz 时仍然有反射系数增强的趋势，说明在 13 GHz 时开阻带效应对漏波天线辐射性能的影响并未完全消除，但是影响较小。

利用微波暗室的远场测试系统对漏波天线的辐射特性进行测量，能够验证漏波天线主波束前后象限连续扫描的特征。为更好地观察漏波天线方向图的特征，分别取漏波天线工作范围的最低频点(10.2 GHz)、中间频点(11.9 GHz)以及最高频点(13.6 GHz)进行观察，漏波天线的主波束在 yOz 面上进行扫描。图 2.18 为 yOz 面内天线主极化波束和交叉极化波束随着频率变化的归一化远场方向图。

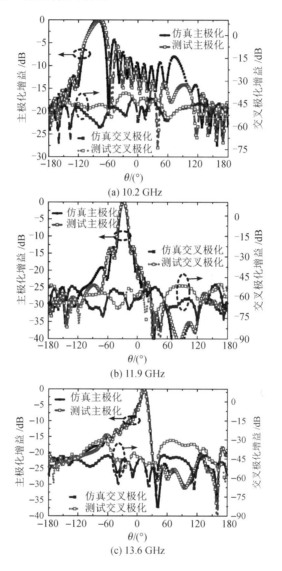

(a) 10.2 GHz

(b) 11.9 GHz

(c) 13.6 GHz

图 2.18　漏波天线远场方向图

从图 2.18 中天线三个频点的远场方向图可以得出，漏波天线主波束随着频率的变化而变化。在 10.2 GHz 时，天线主波束指向角为 $-76°$，天线的增益大小为 12.2 dB；在 11.9 GHz 时，天线主波束指向角为 $-28°$，天线的增益大小为 16.2 dB；在 13.6 GHz 时，天线主波束指向角为 $+12°$，天线的增益大小为 13.1 dB。可见，天线具有良好的低交叉极化特性。在 13.6 GHz 时，其交叉极化均小于 -30 dB，在低频和中心频率上，其交叉极化特性均优于这个数值。在低频辐射时，天线辐射的主极化波束的半功率波束宽度较大，达到 36°。而随着频率的变大，波束宽度变小，在 11.9 GHz 时，天线主极化波束的半功率波束宽度为 16°；在 13.6 GHz 时，天线主极化波束的半功率波束宽度为 12°。这样的变化规律符合漏波天线波束扫描时的变化规律。

漏波天线在发生侧向辐射时，相当于各辐射单元之间的相对相位偏移为 0 或 2π 的整数倍。通过前面对单元相移常数的色散曲线分析可以看出，在 13 GHz 时，单元间的相位差为 0，即在 13 GHz 时，天线会发生侧向辐射。图 2.19、图 2.20 分别为仿真条件下漏波天线发生侧向辐射时天线的 3D 方向图和平面方向图。由图 2.19 可以看出，漏波天线具有一个明显的扇形波束，波束在 yOz 平面上较窄，在 xOz 平面上相对较宽。由图 2.20 可以看出，在漏波天线的扫描面（即 yOz 平面）内，天线的主极化辐射能量明显大于交叉极化的辐射能量，这在图 2.18 中也得到了充分的验证。但是在 xOz 平面内，在某些方向上存在着较为明显的交叉极化能量的辐射，这些能量伴随着主极化波束的扫描而变化，但因为能量辐射的角度不处于天线辐射的特定方向上，因此在研究中很少考虑。当漏波天线发生侧向辐射时，在 yOz 平面内的半功率波束宽度为 12°，在 xOz 平面内的半功率波束宽度为 40°。

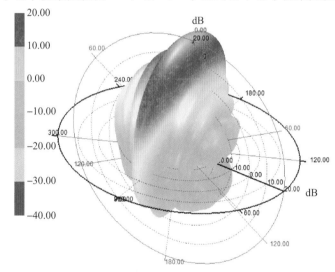

图 2.19　漏波天线发生侧向辐射时的 3D 方向图

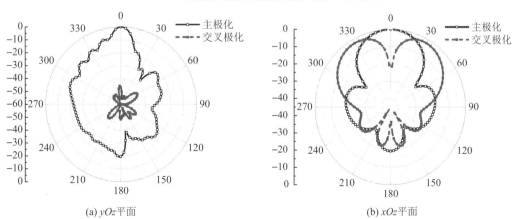

(a) yOz 平面　　　　　　　　　　　(b) xOz 平面

图 2.20　漏波天线发生侧向辐射时的平面方向图

　　漏波天线辐射单元的个数决定了天线对馈入能量的辐射效率。通常情况下，漏波天线的辐射单元越多，辐射能量也就越多。因为漏波天线的辐射原理是一边传输一边辐射，随着辐射单元的增加，后端的辐射单元馈入的能量会逐渐减小，所以过多的辐射单元并不会线性增加漏波天线的辐射增益，相反会降低整个漏波天线辐射的口径效率，徒然增加漏波天线的尺寸，因此，合理设置辐射单元的个数也是漏波天线设计的重要指标。图2.21 为 8 个、10 个以及 12 个辐射单元结构时天线在 yOz 平面上的最大增益随频率变化的曲线。

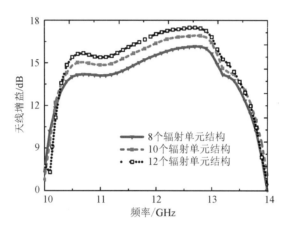

图 2.21　不同数量辐射单元结构下漏波天线的增益随频率变化的曲线

　　可以看出，随着辐射单元结构数量的增加，天线在同一频率上的增益是变大的，天线增益大小在小于 10.2 GHz 和大于 13.6 GHz 时有一个明显的下降过程，这是因为天线方向图明显变差的原因。在工作频率范围内，12 个辐射单元结构的漏波天线的平均增益为 15.85 dB，最大增益为 17.49 dB，并且在大多数频率上增益是大于 15 dB 的；对应地，10 个辐射单元结构的漏波天线的平均增益为 15.40 dB，最大增益为 16.95 dB，小于 12 个辐射单元结构的漏波天线的平均增益(0.45 dB)；8 个辐射单元结构的漏波天线在工作频率范围内的平均增益为 14.67 dB，最大增益为 16.17 dB，小于 10 个辐射单元结构的漏波天线的平均增益(0.73 dB)。通过比较平均增益可以发现，随着辐射单元结构数量的增加，漏波天线的增益降低，所以在周期漏波天线设计中并不能盲目地增加漏波天线的辐射单元结构数量来提升漏波天线的辐射增益。

　　为更加详细地描述漏波天线的性能，将漏波天线的主波束指向角与天线增益随频率变化的曲线绘制于图 2.22 中。在远场特性测量中，频率范围为 10.2～13.6 GHz，间隔为 0.2 GHz。在天线增益的测量中，采用了标准增益喇叭进行校准。从图 2.22 中可以看出，在 10.2～13.6 GHz 的频率范围内，漏波天线的主波束指向角从 $-82°$ 连续扫描至 $+12°$，前后共覆盖了 94°，主极化波束随频率基本呈现出准线性变化规律。测试的主波束指向角与仿真结果基本一致，在部分测试频率上有较小的出入，说明了漏波天线设计的有效性。同时，测试天线增益与仿真天线增益的变化趋势一致，在大多数频率范围内都大于 12 dB，天线具有良好的远场辐射效果。

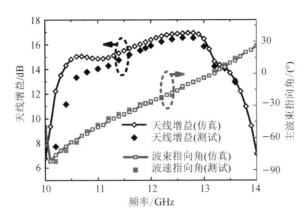

图 2.22　漏波天线主波束指向角和天线增益随频率变化的曲线

本节基于微带线 CRLH-TL 给出了一款新型漏波天线。该天线实现了漏波天线的前后向连续扫描特性，扫描角度达到了 94°，克服了开阻带对天线侧向辐射效果的影响，在扫描方向上具有低交叉极化的特性。首先，对给出的 CRLH-TL 单元结构进行等效电路分析，得到对应的等效二端口传输网络，通过网络参数能够更加形象地理解所给出传输线单元结构的电磁特性；其次，对传输线单元结构的几何尺寸参数进行了分析，分别对散射参数、归一化等效串联阻抗、归一化等效并联导纳以及单元结构的相位色散曲线进行了研究；最后，将 10 个 CRLH-TL 单元结构进行级联，构造出对应的漏波天线结构。对设计的漏波天线进行电磁仿真分析与实物测试，并将相应的测试结果与仿真结果进行对比可知，二者吻合良好，这验证了本节漏波天线设计的有效性。仿真和测试数据结果表明，漏波天线在 10.2～13.6 GHz 的频率范围内，主波束指向角由 −82° 连续扫描至 +12°，扫描范围达到 94°，测试天线的平均增益达到 14.4 dB。漏波天线在 13.0 GHz 时实现了侧向辐射，辐射增益达到 15 dB。该漏波天线结构简单，设计思路明确，具有良好的电磁辐射特性，能够应用于 X 波段和 Ku 波段的通信系统。

2.3　基于复合左右手传输线的宽扫描角漏波天线

2.3.1　单元设计

在 2.2 节中，利用矩形槽缝和金属化过孔分别产生的左手电容效应和左手电感效应构造出了 CRLH-TL 单元结构，该单元结构的尺寸为 $0.45\lambda_0$（λ_0 为侧向辐射时空间电磁波的波长）。为了缩减漏波天线的尺寸，这里给出一款新型 CRLH-TL 单元结构。图 2.23 为该单元结构的正视图和三维视图。该单元结构的上层为金属贴片，贴片两侧引入了梳状结构，上层贴片与下层金属表面由两个金属化过孔进行连接，两个金属化过孔的间距为 d，金属化过孔的直径 $r_v = 0.6$ mm。单元结构的介质衬底为 Rogers RT 5880，相对介电常数为 2.2，正切角损耗为 0.0009，介质的厚度 $h_{sub} = 1$ mm。相邻单元的贴片之间有一个缝隙，这个缝隙将会产生一个串联左手电容效应，相应地，金属化过孔连接贴片与下层金属表面产生并联左手电感效应。

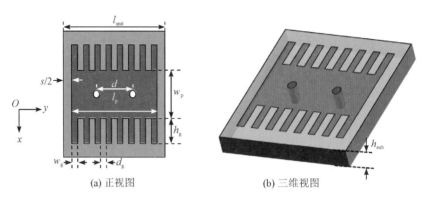

(a) 正视图   (b) 三维视图

图 2.23　CRLH-TL 单元结构示意图

单元结构的尺寸参数：$l_{unit}=7.8$ mm，$l_p=7.5$ mm，$w_p=4.8$ mm，$w_g=0.5$ mm，$d_g=0.5$ mm，$h_g=2.6$ mm，$d=3$ mm，$s=0.3$ mm，$h_{sub}=1$ mm。采用电磁仿真软件 HFSS 对单元结构进行建模仿真，能够得到单元结构进行电磁传输时的传输系数，根据式 (1.14) 能够得到单元结构的传输系数随频率的变化情况。

通过调节结构参数，能够使传输线工作于平衡状态。基于平衡状态的传输线的漏波天线能够克服开阻带效应的影响，实现后向波束到前向波束的连续扫描。图 2.24 为单元结构的传输系数与梳状结构深度 h_g 之间的关系。从图 2.24 中可以看出，当梳状结构深度 $h_g=2.6$ mm 时，CRLH-TL 单元结构处于平衡状态，对应的频率点为 6.45 GHz，此时单元结构的尺寸仅为 $0.17\lambda_0$，实现了单元的小型化。当梳状结构深度分别为 1.6 mm 和 3.6 mm 时，均会产生开阻带效应，对应的频率范围为 5.80～6.28 GHz 和 6.38～7.00 GHz。非平衡状态下传输系数的剧烈变化会导致传输线特性阻抗值的剧烈变化，此时对应的漏波天线不能够实现良好的阻抗匹配。

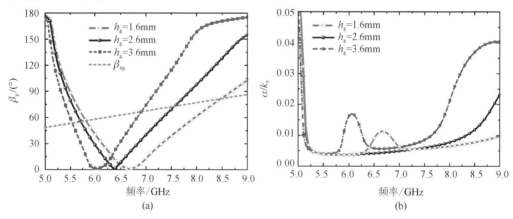

图 2.24　单元结构的传输系数与梳状结构深度 h_g 之间的关系曲线

2.3.2　天线性能分析

图 2.25 为漏波天线的结构示意图和加工样品实物。该天线由六个单元结构组成，单元结构与单元结构之间的缝隙保持在 0.3 mm，天线的整体尺寸为 56.1 mm×30 mm×2 mm。在

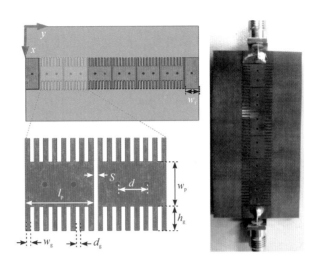

图 2.25 漏波天线的结构示意图以及加工样品实物

天线的两端采用了微带线馈电的方式,为了实现良好的阻抗匹配,两个馈线与金属下表面之间用金属化过孔相连接,馈线的长度 $w_f = 4.5$ mm,宽度与复合左右手传输单元的金属贴片一样,大小为 $w_p + 2h_g = 10$ mm。为了验证该漏波天线设计的正确性,进行了加工测试,将全波电磁仿真结果与实物测试结果进行对比,天线的散射矩阵参数应用 N5230C 矢量网络分析仪进行测量,天线的远场辐射特性在微波暗室进行测量。

应用矢量网络分析仪对漏波天线进行散射矩阵参数的测量,可得到漏波天线馈电端口的传输与反射系数随频率变化的曲线。图 2.26 为漏波天线传输与反射曲线的仿真与测试结果对比。从图 2.26 中可以看出,漏波天线的传输系数相对平坦,维持在 -10 dB 左右,天线能量在传输过程中辐射出去一部分,同时还有少量的能量由匹配终端吸收;而反射系数在工作频率范围内相对起伏,但在 $5.2 \sim 8.8$ GHz 的频率范围内小于 -10 dB,这说明漏波天线在该频率范围内具有良好的阻抗匹配性能。在工作频率范围内,仿真结果与测试结果吻合良好。

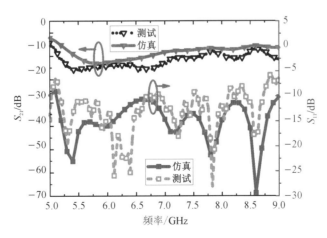

图 2.26 漏波天线的传输与反射系数曲线的仿真与测试结果

漏波天线的散射矩阵参数表明，在 5.2～8.8 GHz 的频率范围内，漏波天线的阻抗匹配特征良好。为进一步研究漏波天线的性能，在 5.2～8.8 GHz 频率范围内每间隔 0.2 GHz，对漏波天线的 yOz 平面内的方向图进行测量。图 2.27 为 5.2 GHz、6.4 GHz、7.6 GHz 以及 8.8 GHz 四个频率点上对应的归一化主极化方向图和交叉极化方向图。

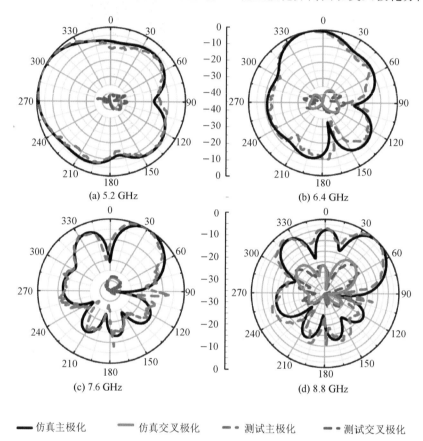

图 2.27　漏波天线在 yOz 平面上的归一化方向图与交叉极化方向图

由图 2.27 可知，在 5.2 GHz 时，漏波天线的主波束指向角为 $-70°$，对应的天线辐射增益为 4.2 dB，天线的交叉极化值保持在 -35 dB 左右。随着频率的变化，漏波天线主波束指向角发生变化，6.4 GHz 时测试波束指向角为 $-15°$，7.6 GHz 时测试波束指向角为 $+30°$，8.8 GHz 时测试波束指向角为 $+40°$。从图 2.27 中可见，随着频率的增加，漏波天线的主波束宽度变小，副瓣波束变多、变大，交叉极化的电平值明显变大。另外，频率的变化也导致漏波天线电尺寸发生变化：在 5.2 GHz 时，漏波天线的纵向长度为 $0.97\lambda_0$（其中，λ_0 为对应频率下自由空间中电磁波的波长）；在 8.8 GHz 时，漏波天线的纵向长度为 $1.65\lambda_0$。

图 2.28 为漏波天线主波束指向角与天线增益随着频率变化的曲线。曲线是根据漏波天线的远场辐射方向图的相关特性绘制而成的。测试结果与仿真结果相对吻合。由波束指向角随频率变化的曲线可以看出，随着频率的增大，在 5.2～8.8 GHz 的频率范围内，漏波天线由后向的 $-70°$ 连续扫描至正向的 $+40°$ 方向，波束指向角的变化一共覆盖了 $110°$，并

且在6.9 GHz 时，天线主波束指向角为 0°，说明此时漏波天线实现了侧向辐射。由天线增益随频率变化的曲线可以看出，在工作频率范围内，天线增益的波动幅度明显，最大增益达到 6.9 dB，最小增益为 4 dB，天线的增益幅度较小，这是因为天线的辐射单元结构较少，天线的波束相对较宽。

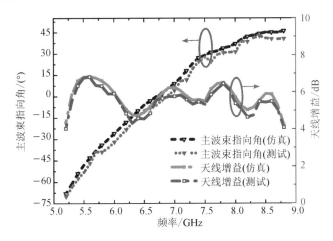

图 2.28　漏波天线主波束指向角与天线增益随频率变化的曲线

本 章 小 结

本章主要研究了基于 CRLH-TL 的漏波天线的设计，其研究思路为：首先通过电磁全波仿真研究结构单元的电磁特征，通过调节对应的结构参数使得单元的色散特性满足平衡状态的 CRLH-TL 的色散特性，优化对应的相移常数曲线和衰减常数曲线；然后将有限数量的单元结构级联，形成工作于平衡状态的漏波天线，这样得到的漏波天线能够有效地克服开阻带效应对漏波天线扫描范围的影响。对设计的漏波天线进行电磁全波仿真和实物测试，对比二者的结果，能够验证所设计漏波天线的有效性。

第3章 基于人工表面等离子体
激元传输线的漏波天线

表面等离子体激元(Surface Plasmon Polaritons，SPPs)的概念来自光学领域，它是一种与介质表面紧密结合的特殊电磁波模式。R. W. Wood 于 1902 年在金属光栅的衍射试验中最早发现了表面等离子体激元这一现象[13]，直至 1957 年 R. H. Ritchie 等人才系统解释了该现象并给出了理论模型[14]。1960 年，表面等离子体激元的概念首次被 E. A. Stren 和 R. A. Ferrell 等提出，他们详细阐述了其产生条件及色散关系[15]。因为在光学以及更高频率领域，金属不再被认为是理想的导体，其相对介电常数成为一个随频率变化的函数，因此在这些领域金属会表现出独特的性质，在光电集成技术、光学成像、光电异常透射等方面具有广泛的应用。2004 年，H. Cao 和 A. Nahata 在太赫兹波穿过亚波长金属孔阵时发现了透射异常现象[16]，从而敲开了表面等离子体激元技术向低频段发展的大门。后来，J. B. Pendry 等基于周期结构表面上的电磁波色散特性和模型，提出了人工表面等离子体激元(Spoof Surface Plasmon Polaritons，SSPPs)的概念及相关理论[17]。2013 年，SSPPs 传输线由之前的三维结构发展为平面结构，大大提高了其集成能力和应用范围[18]，平面的 SSPPs 传输线被广泛应用于微波、毫米波领域[19]。

SSPPs 传输线由周期结构组成，对电磁场具有较大的束缚能力，相对于传统传输线具有更加灵活的色散特性。漏波天线的性能与传输线的色散特性密切相关，SSPPs 传输线的色散特性可以通过结构参数进行调节，为漏波天线的优化设计提供了更多可以选择的方案。另一方面，SSPPs 传输线属于周期性结构，其电场分布符合 Floquet 定理，其电磁场可以看作由无限空间谐波叠加而成，通过一定的调制方式可以将其中属于快波模式的空间谐波进行激发并形成辐射，从而能够比较简便地达到漏波天线设计的目的。

本章在基于人工表面等离子体激元传输线理论的基础上给出了一款新型 SSPPs 传输线，并对其结构单元进行了色散特性分析，得到了相应的色散曲线。然后，在 SSPPs 传输线上加载不同形式的辐射结构，激发出 −1 阶的空间谐波并进行空间辐射，辐射结构的不同使得漏波天线的远场辐射特性不尽相同。最后，对优化过的漏波天线进行了加工和测试，通过对比测试结果与仿真结果，验证了设计的有效性。

3.1 人工表面等离子体激元传输线理论

人工表面等离子体激元是表面等离子体激元从光学领域向微波和太赫兹领域的拓展，

因此，SSPPs 具有与表面等离子体激元类似的特征，如电磁能量局域性、慢波色散特性等。表面等离子体激元是在金属表面上由自由电子和光子相互作用而形成的电磁振荡形式。电荷振荡与电磁场之间的相互作用使得 SSPPs 具有很多独特的性质。在光频段内金属的相对介电常数可以用 Drude 模型表示为

$$\varepsilon_{spp} = 1 - \frac{\omega_p^2}{\omega^2 + i\gamma\omega} \tag{3.1}$$

其中，ω_p 为金属的等离子体频率，$\gamma(\gamma \ll \omega_p)$ 为金属的碰撞频率。从式(3.1)中可以看出，光频段范围内金属的介电常数和频率密切相关。然而，在微波和太赫兹频率范围内，金属被认为是理想的导体，无法在其表面形成表面等离子体激元。通过在金属表面刻制一维周期金属凹槽结构，能够在金属结构表面产生类似于表面等离子体激元的电磁模式，从而在微波太赫兹频段实现了表面等离子体激元。

图 3.1 为一个一维周期凹槽结构，凹槽结构的宽度为 a，深度为 h，凹槽结构的刻制周期为 d，结构在 X 轴方向是按周期无限延伸的，在 Y 轴方向是无限长的。将凹槽上方定义为区域Ⅰ，凹槽部分定义为区域Ⅱ。将Ⅱ区域等效为均匀介质层，则根据理想导体边界条件可以得到两个区域的磁场分布为

$$H_Z^{\mathrm{I}} = A\mathrm{e}^{jk_x x}\mathrm{e}^{jk_z z} \tag{3.2a}$$

$$H_Z^{\mathrm{II}} = B^+ \mathrm{e}^{jk_0 z} + B^- \mathrm{e}^{-jk_0 z} \tag{3.2b}$$

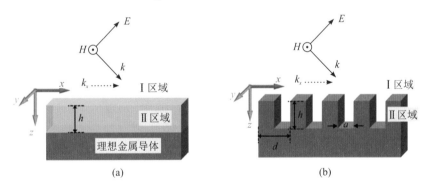

图 3.1　一维周期凹槽结构

其中，A、B^+、B^- 是常数，k_x 为电磁波平行于凹槽结构表面传输时的传输常数，k_z 为电磁波垂直于凹槽结构表面传输时的传输常数。由对应的边界条件(在Ⅰ区域和Ⅱ区域的边界上，H_y 连续，E_x 周期连续；在Ⅱ区域与理想金属导体边界上，E_x 等于 0)可以得到，电磁波沿着 x 轴传输时的色散关系为

$$\beta \approx k_0 \sqrt{1 + \left[\frac{a}{d}\tan(k_0 h)\right]^2} \tag{3.3}$$

可以利用等效介质理论简单方便地分析 SSPPs 的色散特性。如图 3.1(b)所示，可以将凹槽结构等效为均匀各向异性介质，其紧贴于理想金属导体上方，且其厚度与凹槽深度一致。对应的等效的相对介电常数可以表示为

$$\begin{cases} \varepsilon_x = \dfrac{d}{a} \\ \varepsilon_y = \varepsilon_z = \infty \end{cases} \tag{3.4}$$

电磁波在凹槽结构中沿着 y 轴或者 z 轴传播时，其速度与自由空间中的相同，因此根据电磁波的群速度可以得到：

$$\sqrt{\varepsilon_x \mu_y} = \sqrt{\varepsilon_x \mu_z} = 1 \tag{3.5}$$

等效介质的相对磁导率可以表示为

$$\begin{cases} \mu_x = 1 \\ \mu_y = \mu_z = \dfrac{a}{d} \end{cases} \tag{3.6}$$

电磁波在等效介质中传播时，其本征模式的色散关系可以表示为

$$\beta = k_0 \sqrt{1 + \left[\frac{a}{d} \tan(k_0 h) \right]^2} \tag{3.7}$$

类似地，二维金属周期结构也支持微波太赫兹频率范围的表面等离子体激元的传输，如图 3.2 所示。在理想金属导体中，沿着 x 轴和 y 轴周期排布着正方形介质柱，理想金属导体和介质柱沿着 z 轴无限延展。当电磁波沿着 z 轴传播时，相当于在充满介质的正方形金属波导中传输，在介质柱中激励出波导模电磁波，对应的本征模式电磁场的色散关系满足表面等离子体激元的色散关系。

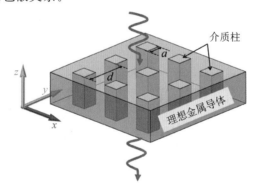

图 3.2 二维 SSPPs 结构示意图

3.2 人工表面等离子体激元传输线设计

典型的 SSPPs 平面结构有 U 形和 H 形两种，如图 3.3 所示。U 形结构是由东南大学崔铁军院士研究团队提出的二维 SSPPs 传输线结构，它解决了等离子体激元在二维平面结构上传输的问题，具有构造成本低、易加工等特点，其电磁场传输沿着传输线一侧进行，因此也称为单边梳状传输线[18]。图 3.3(b) 为一款对称双边梳状结构，根据电磁场对称分布的特点，该传输线支持对称模式的 SSPPs 传输。除此之外，还有其他形式的 SSPPs 传输线结构，如将 U 形结构单元进行反向对称分布的结构等。

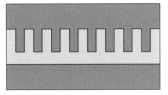 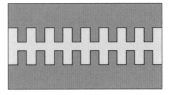

(a) U形结构　　　　　　　　　　(b) H形结构

图 3.3　典型 SSPPs 平面传输线结构

受到上述 SSPPs 传输线结构的启发，将 U 形槽镜像放置，并将梳状结构进行交指耦合式分布，形成了一款新型 SSPPs 传输线结构单元，如图 3.4 所示。该单元也可以看作由一个 T 形结构和一个 U 形结构镶嵌构成，单元的周期长度为 p_u，单元金属部分的宽度为 w_f。由于该单元具有周期性，因此上下两个金属部分的结构又可以认为是相同的结构，只是相差了半个单元周期的长度。

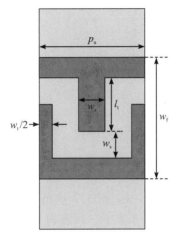

图 3.4　新型 SSPPs 传输线结构单元示意图

3.2.1　单元色散特性

在电磁仿真软件 CST Studio Suite 中建立对应的仿真模型，采用 Eigenmode 求解器对 SSPPs 传输线结构单元的色散特性进行求解。图 3.5 为仿真模型建立时需要满足的电磁边界条件示意图。给定结构参数的初始值为：单元的周期长度 $p_u = 4$ mm，T 形结构的枝节长度 $l_t = 2.3$ mm，宽度 $w_t = 1$ mm，两个金属结构之间的间隔 $w_s = 1$ mm，金属结构的最大宽度 $w_g = 4$ mm。单元结构的介质基底采用 Rogers RT 5880，相对介电常数为 2.2，正切角损耗为 0.0009，介质的厚度 $H = 0.508$ mm。

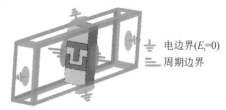

图 3.5　SSPPs 传输线结构单元的电磁仿真模型

在 SSPPs 传输线结构单元中，T 形结构的枝节长度 l_t 是调节单元色散程度的重要参数，分别选取 $l_t=2.1$ mm、2.3 mm 和 2.5 mm，得到该结构单元主要支持的两种模式下的 SSPPs 传输线结构单元的色散曲线，如图 3.6 所示。

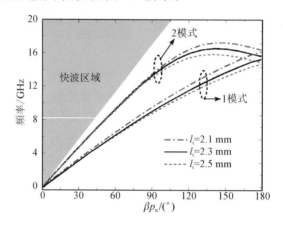

图 3.6　SSPPs 传输线结构单元的色散曲线

图 3.6 绘制出了两种模式下传输线结构单元的色散曲线。两种模式分别定义为 1 模式和 2 模式。由两条色散曲线可以看出，在相同的结构参数下，1 模式下的色散程度更大，在相同的频率区间单位长度的相移量相差更大。结构参数 l_t 对两种模式的 SSPPs 传输线结构单元的色散均有影响，其数值越大，色散程度越大。单元的色散程度影响着传输线的相移常数大小，通过调节单元结构的几何尺寸参数，可以调节漏波结构的相移常数，从而对漏波天线的性能进行调节。

为了更加详细地了解 SSPPs 的特征，图 3.7 给出了两种模式在 8 GHz 时 SSPPs 传输线结构单元的表面电流分布图。从图 3.7 中可以看出，在 1 模式下，T 形金属结构和 U 形金属结构的表面电流是反向的；而在 2 模式下，T 形金属结构和 U 形金属结构的表面电流是同向的。

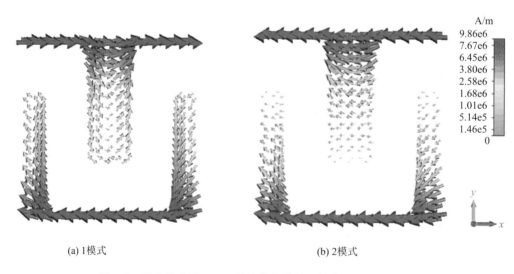

(a) 1 模式　　　　　　　　　　　　　(b) 2 模式

图 3.7　两种模式下 SSPPs 传输线结构单元的表面电流分布图

3.2.2　SSPPs 传输线性能分析

由于 SSPPs 传输线具有特殊性，因此人们不能直接通过常用的接头结构进行激发，而需要特殊的结构进行电磁模式的转换，最常见的就是采用共面波导馈电结构的电磁模式转换。这里采用共面波导馈电结构进行 SSPPs 的激发。图 3.8 为 SSPPs 传输线的结构示意图。图 3.8 中，传输线结构可以分为三个部分：共面波导馈电部分、传输模式转换部分、SSPPs 传输部分。对于传输模式转换部分，为保证电磁波能量由共面波导模式转换为表面等离子体激元模式，引入了非线性曲线变化的结构。为了更好地描述曲线结构，在过渡段起始点位置建立了一个新的参考坐标 UOV，则过渡段曲线包络在参考坐标系可以用函数 $v = g(u)$ 表示：

$$g(u) = \frac{w_1(e^{au} - 1)}{e^{al_2} - 1} \quad (0 \leqslant u \leqslant l_2) \tag{3.8}$$

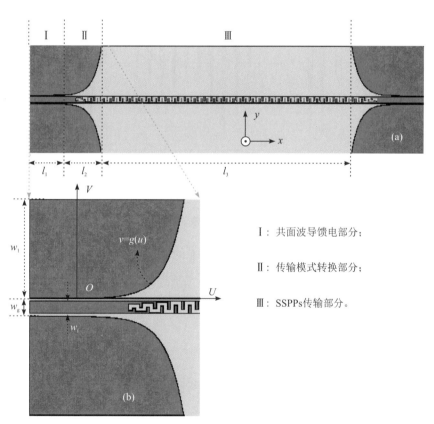

图 3.8　SSPPs 传输线的结构示意图

为了实现过渡段与 SSPPs 传输段的良好匹配，SSPPs 传输线的结构尺寸也进行了渐变长度的分布，主要涉及的单元结构参数为枝节长度 l_t。为了达到 SSPPs 传输线的传输效果，模型仿真对应的结构参数的初始值分别为：共面波导传输段长度 $l_1 = 10$ mm，宽度 $w_1 = 30$ mm，过渡段长度 $l_2 = 35$ mm，馈线宽度 $w_f = 4$ mm，共面波导等效地间隔 $w_g = 5$ mm，SSPPs 传

输线长度 $l_3=275$ mm。周期单元的几何参数与 3.2.1 节中给出的参数均相同。需要说明的是，枝节长度 l_t 的取值为 2.3 mm，过渡段分别取值为 1.8 mm、1.3 mm、0.8 mm 和 0.3 mm。

通过在电磁仿真软件 CST 上进行全波仿真，可以得到 SSPPs 传输线的传输与反射系数仿真曲线，如图 3.9 所示。从图 3.9 中可以看出，在 4～12 GHz 的频率范围内，传输线都表现出良好的传输特性，其反射系数基本小于 -10 dB。因此，将该传输线应用于漏波天线的设计，能够保证漏波天线上的能量传输和泄漏均匀。

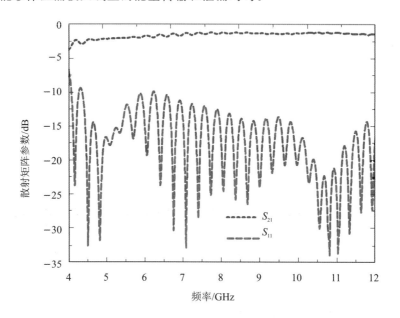

图 3.9　SSPPs 传输线的传输与反射系数仿真曲线

为了实现共面波导传输线与 SSPPs 传输线上的能量高效转换，两种传输线应在阻抗、极化和动量上进行匹配。仿真表明，通过共面波导馈电进入传输线的电磁波因为模式匹配，不能激发出 SSPPs 传输线上 1 模式的电场分布，即本节给出的传输线支持的模式主要为 2 模式，基于该传输线进行的漏波天线设计也是基于 2 模式的，在对传输线进行色散分析时采用的也是 2 模式下的色散曲线。

3.3　单边周期矩形贴片漏波天线

3.3.1　天线结构

在传输线结构的基础上加载周期分布的矩形贴片，从而形成沿着 y 轴方向辐射的漏波天线，对应的结构示意图如图 3.10 所示。在传输线的一侧分布着周期矩形贴片，贴片的长度为 l_m，宽度为 w_m，相邻贴片的间隔为 d_m，则贴片分布的周期为 l_m+d_m。天线的介质基底采用 Rogers RT 5880，相对介电常数为 2.2，正切角损耗为 0.0009，介质的厚度 $H=0.508$ mm。漏波天线的其他几何尺寸参数与传输线的相同，此处不再一一赘述。

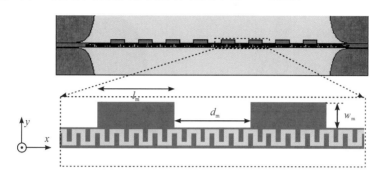

图 3.10　单边周期矩形贴片漏波天线的结构示意图

3.3.2　天线辐射分析

空间谐波的辐射是周期漏波天线辐射的基本原理之一。一般情况下，沿着 SSPPs 传输线传输的是慢波，并不会发生辐射。根据 Floquet 定理，周期性结构调制会激发出无数个高阶的空间谐波，对应的 n 阶谐波的相位常数为

$$\beta_n(\omega) = \beta_0(\omega) + \frac{2n\pi}{p} \quad (n \text{ 为整数}) \tag{3.9}$$

其中，参数 p 代表结构调制的周期，在本节天线设计中 $p = l_m + d_m$；β_0 为基模的传播相位常数。在所有的空间谐波中，-1 阶谐波会率先发生辐射。根据漏波天线主波束的指向角公式及 -1 阶谐波的相位常数，可以得到漏波天线辐射的主波束指向角为

$$\theta_b(\omega) = \arcsin\left[\frac{\beta_0(\omega)}{k_0} - \frac{2\pi}{k_0 p}\right] \tag{3.10}$$

在 SSPPs 传输线上加载的周期分布贴片主要起到两个方面的作用：一是其周期分布激发出 -1 阶空间谐波，将传输线上的慢波转换为快波形式，从而使得电磁能量能够摆脱传输线的"束缚"，向自由空间辐射；二是作为主要的电磁能量辐射单元，形成线型辐射阵列结构。

3.3.3　仿真与测试结果

采用电磁仿真软件 CST 对漏波天线进行全波仿真，得到的漏波天线远场辐射方向图如图 3.11 所示。其中，图 3.11(a) 为不同频率下 xOy 面（$\theta = 90°$）内的归一化方向图，图(b)为 6.8 GHz 时漏波天线辐射远场归一化 3D 方向图。从图 3.11 中可以看出，漏波天线的最大辐射波束位于 xOy 平面内，随着频率的变化由后向方向逐渐变化至前向方向，并且由于漏波天线的传输结构属于单导体结构，没有等效的金属结构，因此天线辐射的范围较大，其扫描的扇面基本覆盖了 xOz 平面以上的区域。

利用 PCB 加工技术对所设计的漏波天线进行加工，并应用矢量网络分析仪对漏波天线的散射矩阵参数进行测量，在微波暗室中对漏波天线的远场辐射特性进行测量。将测试得到的结果与电磁仿真软件全波仿真得到的结果进行对比分析，能够验证电磁仿真软件仿真结果的正确性和天线设计的有效性。图 3.12 为单边周期矩形贴片漏波天线的实物图；图 3.13 为漏波天线的 S 参数的仿真与测试结果对比；图 3.14 为不同频率下漏波天线远场方向图的仿真与测试结果对比。

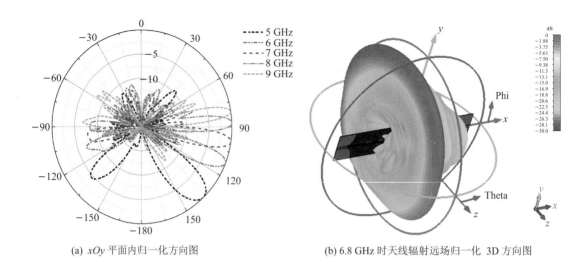

(a) xOy 平面内归一化方向图　　　　(b) 6.8 GHz 时天线辐射远场归一化 3D 方向图

图 3.11　漏波天线辐射方向图

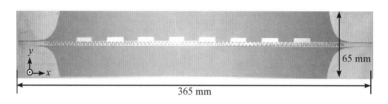

图 3.12　单边周期矩形贴片漏波天线的实物图

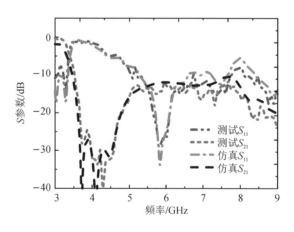

图 3.13　漏波天线的散射矩阵参数的仿真与测试对比

　　由图 3.13 中 S 参数的仿真与测试结果对比可以看出，仿真结果与测试结果吻合良好，曲线变化的趋势一致。在 5~9 GHz 的频率范围内，天线的反射系数和传输系数基本上维持在 −10 dB 左右，说明在这个频率范围内，天线的阻抗匹配性能良好，馈入端口的能量沿着漏波天线结构相对平缓地辐射到了自由空间。在 8 GHz 频率附近，天线的反射系数有一个明显的上升，这是因为在这个频率附近，矩形贴片调制造成的反射系数在馈入端口上是相互叠加的效果，所以在 8 GHz 左右时漏波天线辐射的增益会下降。

　　根据电磁仿真软件的全波仿真结果，漏波天线的辐射波束呈扇形结构，覆盖了 xOz 平面以上的区域，其最大辐射的方向始终位于 xOy 平面内，因此在微波暗室进行测量时主要对其最大波束所扫平面内的二维方向图进行测量,并与仿真结果进行对比,得到仿真和测试的天线方向图,如图 3.14 所示。在漏波天线的工作频率范围内,分别给出了 5 GHz、6 GHz、7 GHz、8 GHz 以及 9 GHz 共 5 个频率点的天线方向图。由图 3.14 可见,测试结果与仿真结果吻合良好,漏波天线在其扫描方向上具有良好的辐射效果。漏波天线的测试结果表明,在 5~9 GHz 的频率范围内,漏波天线主极化的波束指向角由 +138° 连续变化至 +81°;在工作频率范围内,主极化波束连续扫描了 57°。由天线的纵向位置与主极化波束的关系可以知道,在波束指向 +90° 时,对应为天线的侧向辐射,因此,该漏波天线的辐射实

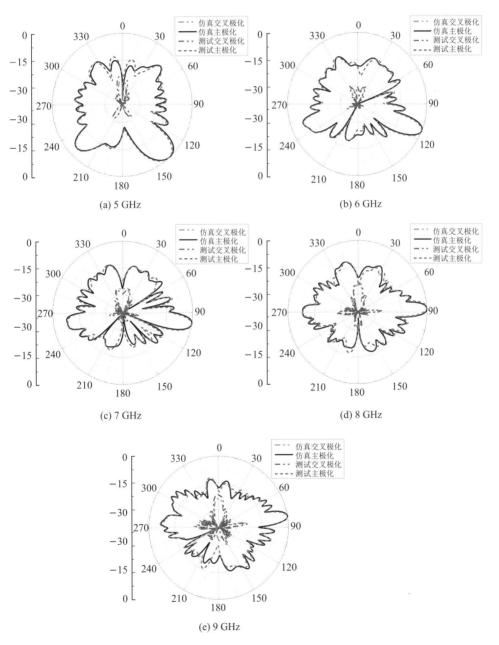

图 3.14　不同频率下漏波天线远场方向图的仿真与测试结果对比

现了对侧向方向的覆盖。观察天线方向图的交叉极化的幅值可以发现，在 xOy 平面内，天线的交叉极化保持在较低的水平，这说明漏波天线具有良好的低交叉极化特性。

图 3.15 为在工作频率范围内漏波天线的主极化波束指向角和辐射增益随着频率变化的曲线。测试得到的主极化波束指向角与仿真结果吻合良好，具有相同的变化规律，这说明漏波天线在工作频率范围内具有良好的波束扫描特性。天线的辐射增益在工作频率范围内具有一定的波动，基本维持在 8 dB 以上。测试和仿真结果均表明，在 8.8 GHz 时，其辐射增益有明显的下降趋势。通过仿真观察其远场 3D 方向图可以知道，这是因为漏波天线的方向图在 8.8 GHz 时发生了畸变，天线的辐射效果变差。天线辐射增益在其他频率范围内相对稳定，而在 8.4 GHz 时达到最大值 10.4 dB。测试的辐射增益相对于仿真的辐射增益而言，其幅值在大多数频率范围内均有下降，这是因为在测试过程中天线具有额外的介质损耗、传输损耗等。

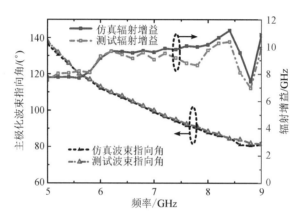

图 3.15 漏波天线仿真与测试的主极化波束指向角与辐射增益随频率变化的曲线

本节基于新型 SSPPs 传输线结构，给出的漏波天线在 5～9 GHz 的频率范围内实现了 57°的波束扫描。因为采用单导体结构的 SSPPs 传输线，所以天线在垂直于扫描平面上具有较大范围的区域覆盖，对 xOz 平面以上区域有良好的扫描特性。

3.4 双边周期矩形贴片漏波天线

3.4.1 天线结构

3.3 节通过在 SSPPs 传输线的上侧加载了周期分布的矩形贴片结构，构成了向 y 轴方向辐射的漏波天线，天线的扇形扫描区域基本覆盖了 xOz 平面以上的区域。若将 SSPPs 传输线下侧同样加载周期分布的矩形贴片，则通过远场辐射电磁场叠加的原理，漏波天线将会对垂直于 x 轴的全区域进行扫描。图 3.16 为 SSPPs 传输线两侧加载矩形贴片的漏波天线示意图。矩形贴片周期分布于传输线的两侧，此时贴片的长度与同侧相邻贴片之间的距离相等，即 $l_m = d_m$。漏波天线的其他几何尺寸参数与传输线结构的相同，天线的介质基底采用 Rogers RT 5880，相对介电常数为 2.2，正切角损耗为 0.0009，介质的厚度 $H = 0.508$ mm。

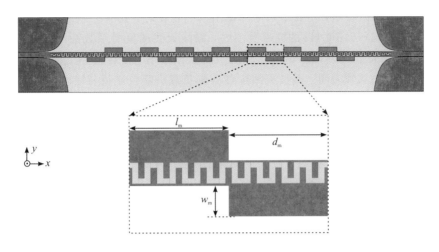

图 3.16　双边周期矩形贴片漏波天线的结构示意图

3.4.2　仿真与测试结果

为了验证设计的有效性，对给出的漏波天线进行加工测试，并与仿真结果进行对比。图 3.17 为双边矩形贴片调制漏波天线的实物图。漏波天线的整体尺寸为 365 mm×65 mm，厚度为 0.508 mm。应用电磁仿真软件 CST 和矢量网络分析仪分别得到仿真与测量的散射矩阵参数，将其绘制于同一图中并进行对比，得到图 3.18。

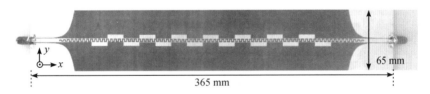

图 3.17　双边矩形贴片调制漏波天线的实物图

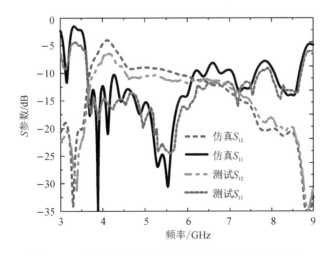

图 3.18　漏波天线的散射矩阵参数的仿真与测试对比

从图 3.18 中可以看出，仿真结果与测试结果吻合良好，具有一致的变化规律。仿真和测试结果表明，在 5～8.5 GHz 的频率范围内，漏波天线的反射系数基本小于 −10 dB，只有在极少数范围内大于 −10 dB，这说明漏波天线在该频率范围内基本上满足阻抗匹配的要求。漏波天线的传输系数表明了漏波天线加载匹配负载后吸收能量与馈入能量的关系。从图 3.18 中可以看出，在 5～6 GHz 的频率范围内，传输系数的值在 −10 dB 以上；在 6～9 GHz 的频率范围内，传输系数的值在 −10 dB 以下。漏波天线的 S 参数的变化与天线辐射能量的变化密切相关，测试的 S 参数曲线与仿真结果存在一定差异，这是由于漏波天线能量在传输和辐射过程中存在金属损耗以及介质损耗。

图 3.19 为不同频率下漏波天线在 xOz 平面内的归一化方向图，测试结果与仿真结果基本吻合。平面的归一化方向图显示，漏波天线在 xOz 平面有两个辐射方向，并且这两个辐射方向关于 xOy 平面对称，这是因为漏波天线在垂直于 x 轴的平面上的辐射是全向的，漏波天线在扫描过程中具有一个圆锥状的波束。测试方向图表明，漏波天线在 5 GHz 时，其对应主波束指向后向辐射的 −54°（另一个波束指向 −126°），随着频率的增加，天线波束的宽度逐渐变小，并连续地向前向辐射方向扫描，在 9 GHz 时指向前向 +11°（另一个波束指向 +169°）。在仿真条件下，漏波天线的两个波束的增益大小是基本一致的，而在测试过程中，两个波束的增益大小有一定的差异，差异值小于 3 dB。

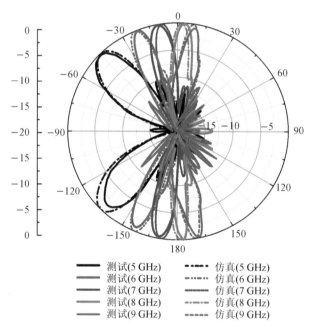

图 3.19 不同频率下漏波天线在 xOz 平面内的归一化方向图

漏波天线在 7.8 GHz 时实现侧向辐射，此时的漏波天线需要克服周期结构引起的开阻带效应。图 3.20 为漏波天线在侧向辐射时的平面归一化方向图和 3D 方向图。从图 3.20(a) 中可以看出，其主极化波束无明显的副瓣，且在主极化的波束方向上其交叉极化的电平值也是非常小的，不过在其他方向，交叉极化的电平值较大，达到 −7 dB 的水平。从图 3.20(b) 中可以看出，在 yOz 平面内，漏波天线的辐射基本上是符合全向的要求的。

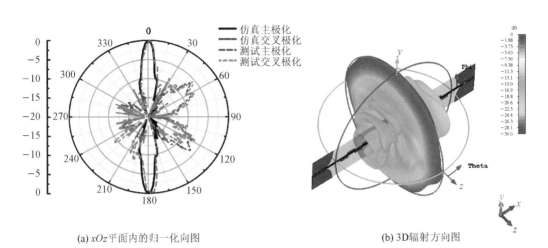

(a) xOz 平面内的归一化向图　　　　　　(b) 3D辐射方向图

图 3.20　漏波天线在侧向辐射 (7.8 GHz) 时的辐射方向图

　　为了更加详细地表征天线的性能，图 3.21 给出了漏波天线主波束指向角与天线辐射增益随着频率变化的曲线。需要说明的是，主波束指向角特指在 xOz 平面内 $+z$ 轴方向的波束指向角，天线辐射增益为对应波束的辐射增益。从图 3.21 中可以看出，漏波天线在 5~9 GHz 的频率范围内，其波束实现了后向 $-54°$ 到前向 $+11°$ 的连续扫描，扫描范围覆盖了 $65°$。在工作频率范围内，波束的辐射增益基本上在 9 dB 左右，天线实现了良好的电磁辐射。

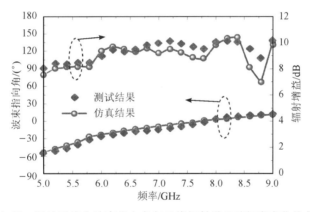

图 3.21　漏波天线主波束指向角与天线辐射增益随频率变化的曲线

　　本节在 3.3 节给出的漏波天线的基础上，在传输线的下侧加载了错位分布的周期矩形贴片结构，从而将漏波天线的扫描区域进行了拓展，实现了锥形波束扫描，在工作频率范围内，漏波天线波束扫描角度的变化幅度达到 $65°$，并且实现了对侧向方向的覆盖。

3.5　双边正弦调制贴片漏波天线

3.5.1　天线结构

　　前面研究了在 SSPPs 的两侧交错分布矩形贴片而形成的漏波天线的特性，矩形贴片的加载会导致产生传输线阻抗突变而引起的效应，对天线性能会造成不良的影响。为了克服这个效应，本节将矩形贴片改为正弦变化的渐变型贴片，对传输线进行正弦形式的调制。图 3.22 为所给出的天线的示意图，图中深色部分表示金属部分，天线的背面为全介质结构，没有任何金属结构。

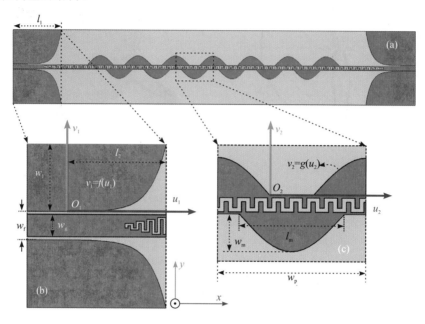

图 3.22　双边正弦调制贴片漏波天线的结构示意图

为了更好地描述天线的结构，引入了两个参考坐标系 $u_1 O_1 v_1$ 和 $u_2 O_2 v_2$，在这两个相对参考系中，分别对天线的馈线、传输结构的过渡以及天线贴片的辐射区域进行了描述。关于天线过渡段的描述与 3.2 节中传输线结构的描述相同，本节不做更多描述。

正弦调制贴片分布在传输线的两侧，同侧贴片之间的间距为 w_p，相邻的两侧之间贴片的纵向距离为 $w_p/2$，因此只需要对一个周期单元内的正弦贴片详细描述即可，在建模过程中可以通过镜像、对称及平移的方式得到所有的正弦贴片。在参考坐标系 $U_2 O_2 V_2$ 中，将坐标原点放置于周期结构的起点位置，如图 3.22 所示。上侧周期结构单元的上包络曲线可以用函数 $v_2 = g(u_2)$ 来表示：

$$g(u_2) = \begin{cases} 0 & (0 \leqslant u_2 \leqslant l_m) \\ w_m \sin\left[\dfrac{\pi(u_2 - l_m)}{w_p - l_m}\right] & (l_m \leqslant u_2 \leqslant w_p) \end{cases} \quad (3.11)$$

式中，正弦调制的幅度为 w_m，正弦调制的长度为 l_m。

3.5.2　仿真与测试结果

与前面周期矩形贴片加载的情况类似，加载周期性的正弦调制贴片会激发出对应的 -1 阶空间谐波，并形成电磁能量的辐射。随着频率的变化，-1 阶空间谐波发生变化，辐射单元之间的相位差发生变化，从而导致电磁能量的辐射方向发生变化，形成了随着频率变化而扫描的主波束变化，实现了漏波天线设计的目的。正弦调制贴片的加载与周期矩形贴片的加载的不同之处就是：辐射单元不同会导致最后漏波天线的远场辐射不同，从而达到不同的辐射效果。所设计的漏波天线的传输线部分的尺寸参数与 3.2 节中设计的天线结构的尺寸参数相同。正弦调制贴片的相关尺寸为：分布周期 $w_p = 34$ mm，正弦调制的幅度 $w_m = 8$ mm，正弦调制的长度 $l_m = 24$ mm。

天线的表面电流分布直接决定了漏波天线的远场辐射特性。图 3.23 给出了 8 GHz 时漏波天线辐射单元的表面电流分布。从图 3.23 中可以看出，电流由下方正弦调制贴片流向相邻上侧贴片，形成两个对称的电流方向，如图中的深色箭头所示。相应地，电流在 x 轴方向会形成抵消效应，在 y 轴方向会形成叠加效应，因此，由辐射单元的电流分布可以知道，天线的辐射主要取决于沿 y 轴方向的电流分布。

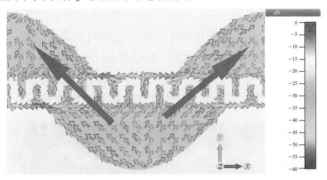

图 3.23　8 GHz 时漏波天线辐射单元的表面电流分布

图 3.24 为漏波天线在 CST 软件中的远场仿真结果，分别选取了 4.0 GHz、6.0 GHz、

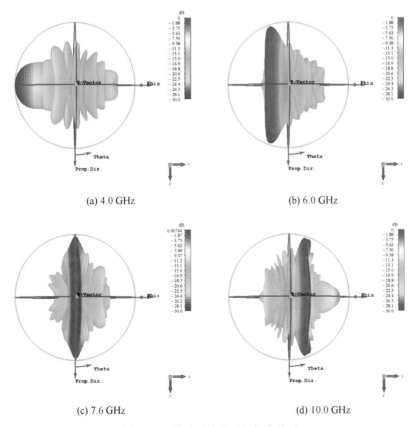

(a) 4.0 GHz　　(b) 6.0 GHz

(c) 7.6 GHz　　(d) 10.0 GHz

图 3.24　漏波天线的远场仿真结果

7.6 GHz 以及 10.0 GHz 四个频率点进行观察，这四个频率点分别代表了天线的一种扫描状态。在 4 GHz 时，漏波天线向后端进行辐射，此时天线主波束指向角为 $-90°$，天线的主波束为针状；在 6.0 GHz 时，漏波天线的波束指向后向，波束为圆锥状；在 7.6 GHz 时，漏波天线扫描至侧向辐射方向，天线波束为圆盘形状；在 10.0 GHz 时，漏波天线波束扫描经过侧向进入前向扫描范围，波束又变回圆锥状。漏波天线的远场辐射方向图在扫描过程中呈针状或者圆锥状。在垂直于扫描方向的方向上，漏波天线表现出全向的特征。

为了验证仿真结果的正确性，对给出的天线进行加工测试。图 3.25 为双边正弦调制贴片漏波天线的加工样品图，整个样品的尺寸为 365 mm×65 mm，样品厚度为 0.508 mm。图 3.26 为漏波天线的散射矩阵参数的仿真与测试对比。由图 3.26 可以看出，在 4～10 GHz 的频率范围内，反射系数的值在大多数频率范围内均小于 -10 dB，这说明在该频率范围内漏波天线表现出良好的阻抗匹配性能；漏波天线的传输系数在工作频率范围内均小于 -10 dB，这说明大多数电磁能量向空间中进行了辐射，天线具有良好的辐射效果。

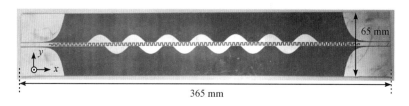

图 3.25 双边正弦调制贴片漏波天线的加工样品图

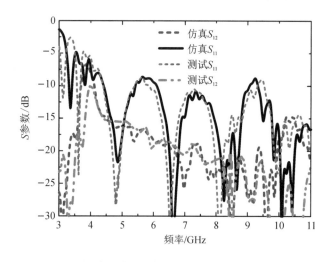

图 3.26 漏波天线的散射矩阵参数的仿真与测试对比

由于漏波天线的辐射单元沿着 x 轴分布，且单个单元的主要辐射沿着 $+z$ 轴方向，因此漏波天线的主波束方向位于 xOz 平面内。在微波暗室内，对 xOz 平面内天线的远场方向辐射特性进行测量，分别给出频率点为 4 GHz、5 GHz、6 GHz、7 GHz、8 GHz、9 GHz 以及 10 GHz 时仿真与测试归一化方向图，如图 3.27 所示。从图 3.27 中可以看出，天线的主波束由后端向辐射连续变化至前向 $+20°$，覆盖的角度达到了 $110°$。在扫描平面内漏波天线的交叉极化水平一直维持在 -10 dB 左右，满足漏波天线对低交叉极化的需求。天线远场测试结果与仿真结果吻合良好。

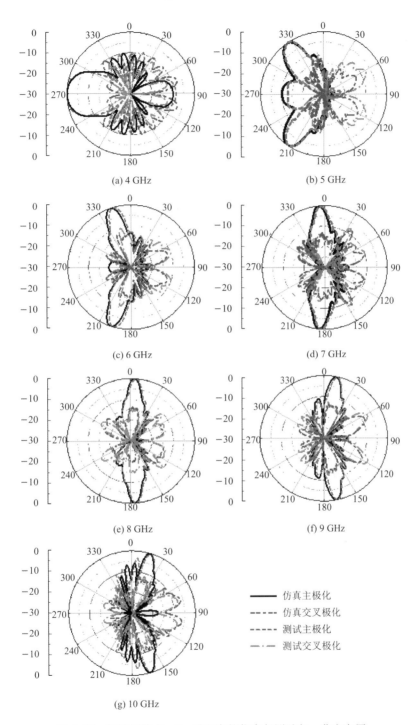

(a) 4 GHz

(b) 5 GHz

(c) 6 GHz

(d) 7 GHz

(e) 8 GHz

(f) 9 GHz

(g) 10 GHz

仿真主极化
仿真交叉极化
测试主极化
测试交叉极化

图 3.27　漏波天线在 xOz 平面内的仿真与测试归一化方向图

　　为更加详细地观察天线的辐射特征，图 3.28 给出了在仿真和测试条件下漏波天线的波束指向角与辐射增益随着频率变化的曲线。从天线的辐射增益曲线可以看出，漏波天线在 4.4 GHz 时辐射增益发生明显的下降，此时天线的测试辐射增益为工作范围内的最小值 6.2 dB，发生这一现象是因为天线波束由针状波束演变为了圆锥状波束，此时能量的辐射分散导致天线的增益下降。在工作频率范围内,漏波天线的测试辐射增益在 8.2 GHz 时达到最大值 9.6 dB。由漏波天线的波束指向曲线可以看出,在 4～7.6 GHz 的范围内,漏波天线实现后向辐射,辐射的区域覆盖了整个后向象限;在 7.6～10 GHz 的频率范围内,漏波天线的波束指向角随着频率变化的速率变慢,天线在 10 GHz 时达到+20°的前向扫描。在 4～4.5 GHz 的频率范围内,天线波束处于分裂过程中,即使辐射的方向未指向后侧,但是因为能量叠加,所以在后向方向上其辐射能量也是最多的,会形成后向辐射波束宽度变大而波束指向角未发生变化的过程,因此波束指向角急剧变化。

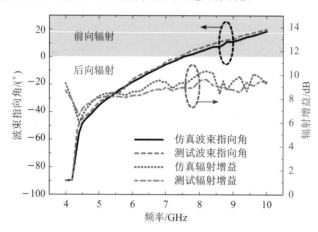

图 3.28　在仿真与测试条件下漏波天线的波束指向角与辐射增益随着频率变化的曲线

本 章 小 结

本章主要围绕 SSPPs 传输线及其漏波天线设计进行介绍,给出了一款新型 SSPPs 传输线结构,并基于该结构给出了三款不同调制规律的漏波天线。首先,在传统典型的 SSPPs 传输线结构单元的基础上,给出了新型 SSPPs 传输线结构单元,利用 CST 电磁仿真软件中的 Eigenmode 求解器对传输线结构单元的色散特性进行分析,得到了传输线支持的 SSPPs 传输模式,通过采用共面波导馈电与 SSPPs 模式转换,得到了最终 SSPPs 传输线的结构以及传输线结构中的 SSPPs 传输模式,在 4～12 GHz 的频率范围内,传输线表现出良好的传输特性。其次,通过在传输线的两侧加载不同的结构单元,构造出不同结构的漏波天线。在传输线的同侧加载矩形调制贴片结构,激发出-1 阶空间谐波进行辐射,构造的漏波天线在 5～9 GHz 实现了 xOy 平面内从后向的+138°到前向的+81°连续扫描,扫描的区域主要覆盖了空间上 xOz 平面以上的区域;通过在传输线的两侧交错加载矩形调制贴片,构造出的漏波天线在 5～9 GHz 实现了 xOz 平面内从后向的-54°到前向的+11°连续扫描,扫描的区域在垂直于 x 轴的平面上基本上是全向的;通过在传输线的两侧加载交错分布的正弦调制贴片,构造的漏波天线在 4～10 GHz 实现了 xOz 平面内从后向的-90°到前向的+20°连续扫描,天线的工作频率比前两款天线更宽,对应的扫描区域也更大,其最大的特点是实现了后侧端向的辐射。最后,对构造的漏波天线进行样品加工和测试,测试结果与仿真结果均吻合良好,从而验证了漏波天线设计的有效性。

第4章 基于集成复合模式
传输线的漏波天线

现代通信技术的发展使得天线与电路朝着小型化、可集成方向发展，越来越多的功能器件聚集在一个有限的区域内。电磁能量在微带线传输过程中，其周边的器件容易受到电磁串扰，所以微带线结构在集成电路中的使用受限，基片集成波导（Substrate Integrated Waveguide，SIW）技术在这样的环境中应运而生。SIW 的问世带来的最大突破是使传统金属波导的功能在介质基板上得以应用，波导结构小型化、平面化、集成化不再是一个难以解决的问题。SIW 是一种可以方便集成到微波天线介质板中的导波结构，具有 Q 值高、体积小、功率高、易于加工、易于集成等优点，自提出后就受到了广泛的关注。基于 SIW 技术的漏波天线在天线辐射增益、波束交叉极化的抑制、开阻带效应的抑制等方面均有明显的优势。但是，SIW 受到形式的限制，在实现漏波天线的某些功能时也会有一定的劣势。

本章基于基片集成波导理论，通过改进 SIW 传输线的结构，得到具有高色散等特征的复合模式传输线结构，使其产生超材料特性，主要对基于集成复合模式传输线的漏波天线应用展开研究。首先，基于折叠 SIW 和 TE$_{20}$ 模 SIW 结构，提出两种具有高色散特性的传输线；其次，通过对传输线结构中的结构参数进行周期调制，产生控制电磁波辐射的效果；最后，给出了天线的仿真与测试结果。

4.1 基片集成波导基础

如图 4.1 所示，SIW 的基本结构类似于矩形金属波导，两排金属化过孔与上下金属表面构成一个准封闭的导波结构。当金属化过孔排列足够紧密时，两排过孔可以等效为连续

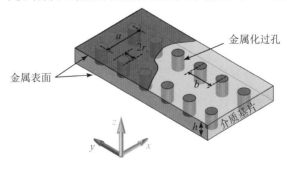

图 4.1 SIW 的基本结构

电壁，从而形成一个封闭的传输空间。2005 年，洪伟教授团队研究了金属化过孔对 SIW 传输性能的影响[20]，结果表明，当 $b<4r_v$ 时，金属化过孔的排列间隙泄漏的电磁波能量可以忽略不计。另外，由于其 SIW 窄边是由不连续的金属化过孔等效构成的，不能形成横向电流，因此在 SIW 中不能传输 TM 模；同时，由于介质基片的厚度远小于两排金属化过孔的间距，因此在 SIW 中只有 TE_{n0} 波（$n=1, 2, 3, \cdots$）的传输。SIW 中传播的主模与矩形波导相同，均为 TE_{10} 模，因此 SIW 的很多传输特征与矩形波导相似。

因为 SIW 与矩形金属波导有相似之处，所以在研究 SIW 的特征时，可以先将 SIW 等效为矩形金属波导结构。矩形金属波导的相关理论已经十分成熟，将 SIW 等效为矩形金属波导，一方面可以更好地研究其电磁特性；另一方面，利用经验公式能够简化设计流程，节省仿真运算时间，节约设计成本。如图 4.2 所示，SIW 的宽度 a 和等效矩形波导的宽度 a_{rwg} 之间存在以下关系[21]：

$$a_{\text{rwg}} = a - \frac{4r_v^2}{0.95b} \tag{4.1}$$

其中，a 是 SIW 中两列金属化过孔的间距，r_v 是金属化过孔的半径，b 是相邻的金属化过孔的间距。关于等效矩形波导的宽度 a_{rwg} 的计算，文献[22]也作了相关的研究，具体的表达式为

$$a_{\text{rwg}} = a - \frac{4.32r_v^2}{b} + \frac{0.4r_v^2}{a} \tag{4.2}$$

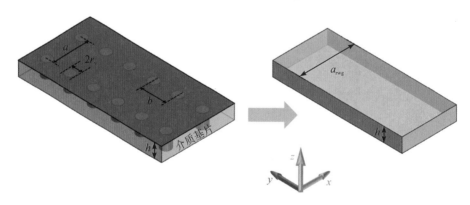

图 4.2　SIW 与等效矩形波导

根据上面的分析，可以通过 SIW 与矩形波导之间的等效关系，由矩形波导中的场分布推出 SIW 的电磁场分布[23-24]。不同于矩形金属波导，SIW 中只能激励和传输 TE_{n0} 模（$n=1, 2, 3, \cdots$），因此在类推 SIW 中的电磁场分布时，只需要令矩形金属波导中 TE_{nm} 模的 $m=0$，金属波导的宽度等效为 a_{rwg}，得到 SIW 中 TE_{n0} 模电磁场的表达式如下：

$$E_z = -j\frac{\omega\mu}{k_c^2}\frac{n\pi}{a_{\text{rwg}}}H_0\sin\left(\frac{n\pi}{a_{\text{rwg}}}x\right)e^{-j\beta y} \tag{4.3a}$$

$$H_y = j\frac{\beta}{k_c^2}\frac{n\pi}{a_{\text{rwg}}}H_0\sin\left(\frac{n\pi}{a_{\text{rwg}}}x\right)e^{-j\beta y} \tag{4.3b}$$

$$H_z = H_0 \cos\left(\frac{n\pi}{a_{\mathrm{rwg}}}x\right) \mathrm{e}^{-\mathrm{j}\beta y} \qquad (4.3c)$$

其中，H_0 为振幅常数；k_c 为截止波数；β 为相位常数；$\omega = 2\pi f$，为角频率；μ 为介质的磁导率。类似地，根据 SIW 的场分布规律，可以得到 SIW 中主模 TE_{10} 的截止频率 f_c^{SIW}、波导波长 λ_g^{SIW}、等效阻抗 Z_e^{SIW}：

$$f_c^{\mathrm{SIW}} = \frac{c_0}{2a_{\mathrm{rwg}}\sqrt{\varepsilon_r}} \qquad (4.4a)$$

$$\lambda_g^{\mathrm{SIW}} = \frac{\lambda_0}{\sqrt{\varepsilon_r - \left(\dfrac{\lambda_0}{2a_{\mathrm{rwg}}}\right)^2}} \qquad (4.4b)$$

$$Z_e^{\mathrm{SIW}} = \frac{\pi h \eta_0}{2a_{\mathrm{rwg}}\sqrt{\varepsilon_r - \left(\dfrac{\lambda_0}{2a_{\mathrm{rwg}}}\right)^2}} \qquad (4.4c)$$

其中，c_0 为真空中的光速；ε_r 为介质板的相对介电常数；λ_0 为真空中的波长；$\eta_0 = 120\pi\ \Omega$，为 TEM 模在空气中的波阻抗。

4.2　基于折叠式复合模式传输线的漏波天线设计

4.2.1　复合模式传输线结构

在文献[25]～[28]中，在 SIW 的表面刻制均匀周期的横向槽，制成了前向辐射的漏波天线。在全模 SIW 的表面刻制均匀的横向槽，对应的传输线的色散特性发生变化，慢波特性会更加明显。均匀槽缝的长度越长，对应传输线的慢波特性越明显，这与 SSPPs 传输线结构类似，因此称这种传输线为集成模式传输线（也称复合模式传输线）。

全模 SIW 相对于微带传输线，其横向尺寸更大，因此在 SIW 技术提出之后，研究人员开始寻找降低全模 SIW 尺寸的方法，其中半模 SIW 技术是最重要的方法之一。半模 SIW 相当于引入等效磁壁，构成一个半开放结构，这样能够将全模 SIW 的尺寸降低一半[29-34]。但是引入的半开放结构在一定频率下会造成电磁能量的辐射，降低了集成电路的电磁兼容性。为减小全模 SIW 的横向尺寸，将其横向结构进行折叠，这样电磁能量封闭在全金属结构内，大大降低了电磁能量泄漏的风险，这样的折叠式结构称为折叠 SIW（FSIW）。

图 4.3 为由全模 SIW 分别演变为 C 形折叠 SIW 和 T 形折叠 SIW 的过程及对应主模电场分布。其中，C 形折叠 SIW 相当于将全模 SIW 沿着 1/2 处进行对折，下表面重叠在一起；T 形折叠 SIW 相当于沿着全波 SIW 的两端 1/4 处向下折叠，折叠向内的两个 1/4 结构由金属柱隔离。两种折叠方式的 SIW 相对于全模 SIW，其横向尺寸均为原来的 1/2，将全模 SIW 的尺寸进行了缩减。因为 T 形折叠 SIW 的电磁场分布具有对称性，所以本节设计的复合模式传输线是基于 T 形折叠 SIW 的。

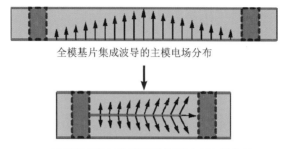

全模基片集成波导的主模电场分布

(a) C 形 FSIW 的横截面结构及主模电场分布

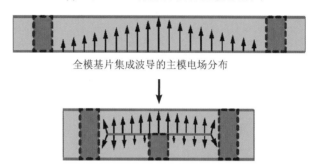

全模基片集成波导的主模电场分布

(b) T 形FSIW的横截面结构及主模电场分布

图 4.3　折叠 SIW 的横截面演变示意图

图 4.4 为基于 T 形折叠 SIW 的复合模式传输线的结构。该结构由两层介质组成，有上、中、下三层表面金属。下层表面为全金属结构，通过三列金属柱与中间层金属相连接；中间层金属表面通过两列金属柱与上表面连接，在靠近两侧金属柱附近刻制有两条长缝；在上层金属表面刻制有长度为 l_{slot}、宽度为 w_{slot} 的均匀缝隙。对应地，在基于全模 SIW 的上表面刻制相同长度的缝隙。根据上述关于折叠 SIW 的描述，图 4.5 所示的复合模式传输线的宽度是基于 T 形折叠 SIW 的复合模式传输线的两倍。

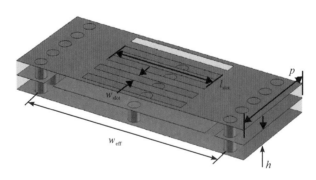

图 4.4　基于 T 形折叠 SIW 的复合模式传输线

对两种复合模式传输线在全波仿真软件 CST 中进行建模，并应用本征模求解器对两种传输线的色散特性进行求解。为了方便对比分析，两款传输线的几何参数初始值设置为：金属柱之间的间隔 w_{eff} 为 10 mm，介质层厚度 h 为 0.508 mm，缝隙的宽度 w_{slot} 为 0.5 mm，传输线的长度 p 为 5 mm。

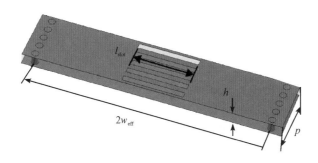

图 4.5　基于 SIW 的复合模式传输线的结构

图 4.6 为两种复合模式传输线的色散曲线。从图 4.6 中可以看出，折叠 SIW 在横向尺寸上减小了一半，但是对应的传输线的色散特性几乎没有区别，这说明折叠 SIW 仍然保持着对应 SIW 的部分传输特性。与此同时，由上述的色散曲线分析可以发现：所有传输线的工作频段均分为快波和慢波两个范围，并且快波与慢波的分界频率点与缝隙的长度无关，在设定的初始几何参数条件下，对应的频率为 7 GHz。随着传输线上缝隙长度的增加，色散曲线随着频率的变化愈加陡峭，传输线的色散程度越明显，因此通过调节缝隙的长度能够调节对应传输线的色散特性。需要说明的是，图 4.6 中 6 GHz 左右的频段的电磁波属于快波，位于这一频段的快波可以应用于漏波天线的设计，只是对应的漏波天线主波束的扫描范围有限。

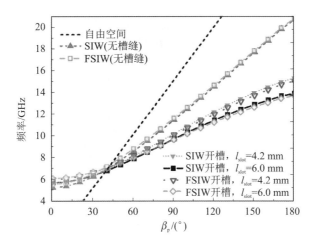

图 4.6　复合模式传输线的色散曲线

下面首先研究复合模式传输线中结构参数对其传输特性的影响，将结构参数缝隙长度 l_{slot} 和金属柱间隔 w_{eff} 作为研究对象。图 4.7(a) 为复合模式传输线表面的缝隙长度变化时对应结构的色散曲线变化趋势；图 4.7(b) 为复合模式传输线金属柱之间间隔变化时对应结构的色散曲线变化趋势。色散表征电磁特性随着频率变化而变化的程度。从图 4.7(a) 中可以看出，随着缝隙长度的变大，复合模式传输线的色散程度变强，表面缝隙长度的变化改变了传输线的上限截止频率，缝隙长度越长，上限截止频率越小，表面缝隙长度的变化对下限截止频率几乎没有影响。从图 4.7(b) 中可以看出，随着金属柱间隔的变大，复合模式传输线的色散程度变弱，金属柱间隔变化改变了传输线的下限截止频率，间隔越大，下限截止频率越小，金属柱间隔的变化对上限截止频率几乎没有影响。传输线的这个色散特性可以应用于滤波器的设计，即通过改变缝隙长度和金属柱之间的间隔来改变滤波器的带宽。

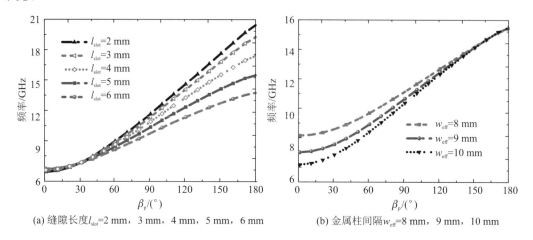

(a) 缝隙长度 $l_{slot}=2$ mm，3 mm，4 mm，5 mm，6 mm   (b) 金属柱间隔 $w_{eff}=8$ mm，9 mm，10 mm

图 4.7 复合模式传输线色散曲线随几何参数的变化

然后观察基于折叠 SIW 的复合模式传输线内的主模电场，并与折叠 SIW 中的主模电场分布进行对比。图 4.8 为本征模仿真条件下基于折叠 SIW 的复合模式传输线的主模电场分布。复合模式传输线的电场在横截面上的电场分布与折叠 SIW 的类似，在上层介质中是中间电场强度大，两端电场强度小；在下层介质中是两端电场强度大，中间电场强度为零。尽管截面上电场分布的形式相似，但是因为传输线的色散特性不同，所以电磁波在两种传输线上的传输系数是不相同的。

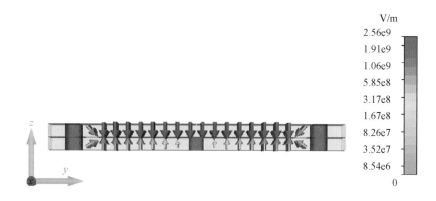

图 4.8 复合模式传输线的横截面电场分布

最后通过全波仿真得到传输线在工作频率范围内的电磁传输特性。在全波仿真软件 HFSS 中建立对应的电磁模型，相关的几何参数取值分别为：金属柱之间的间隔 w_{eff} 为 10 mm，上层金属表面的缝隙长度 l_{slot} 为 4.2 mm。复合模式传输线的馈电采用微带线向复合模式过渡的方式，馈电传输发生在上层介质中，能量通过缝隙的耦合传导进入到下层介质空间。图 4.9 为全波仿真条件下的反射系数仿真曲线。从反射系数仿真曲线中可以看出，复合模式传输线的下限截止频率为 6.6 GHz，这与图 4.6 中的色散曲线中表征的下限截止频率接近，证明了上述色散特性分析的正确性。复合模式传输线在 6.6～15 GHz 之间表现出良好的电磁传输特性,此时电磁能量主要束缚在复合模式传输线的内部空间及周围。另外,复合模式传输线表现出低损耗的特性,可以应用于集成微波电路的设计。

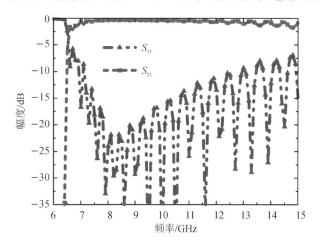

图 4.9　复合模式传输线的传输反射系数仿真曲线

4.2.2　漏波天线结构

为了将波导模式的电磁能量转换为泄漏模式,将上层金属表面的均匀缝隙调整为长度符合周期变化规律的缝隙,此时周期调制会激发出高次空间谐波而发生辐射。图 4.10 为基于复合模式传输线漏波天线的结构示意图,图(a)为天线上表面结构示意图,图(b)为中间层表面结构示意图,图(c)为最下层表面结构示意图,图(d)为上表面金属层刻制槽缝的细节分布。漏波天线使用的基板是 Rogers RT 5880(相对介电常数为 2.2,损耗正切角为 0.0009)。单层结构的厚度和宽度分别为 $h=0.508$ mm 和 $w_s=20$ mm。在两层结构中均周期性地分布着金属化过孔,过孔的半径 $r_v=0.3$ mm,相互间距 $d_2=1$ mm,周期性分布的金属化柱形成等效电壁,限制了电磁能量向两侧泄漏。在天线结构的顶部金属层上蚀刻出具有正弦周期变化的横向槽,横向槽的两侧曲线包络在坐标系 vOu 中可以表示为

$$u=\pm\left[a+a\cos\left(\frac{2\pi v}{p_m}\right)+\frac{b}{2}\right] \tag{4.5}$$

均匀分布的槽缝长度呈周期性变化,可以激发无数空间谐波,特别是 −1 阶空间谐波,电磁能量由传输线中的波导模式转换为空间辐射模式,从而达到定向辐射的效果。在上层金属表面上的所有槽缝中,最长的槽缝长度为 $4a+b=7.2$ mm,最短的槽缝长度为 $b=1.2$ mm,相邻槽之间的间距保持不变,$d_m=0.5$ mm。中间层金属表面上刻制有两条细长的槽缝,将上层介质空间与下层介质空间连接起来,从而构成一个相通的空间。最底层金属表面为全金属,这样电磁能量不会从底层进行泄漏,电磁辐射只会发生在 +z 轴方向。

图 4.10 中提到的所有尺寸参数均列在表 4.1 中,对应给出了相应的数值大小。采用全波仿真软件 HFSS 对相关尺寸参数进行优化,从而能够增加主波束的扫描范围,降低交叉极化,达到增强漏波天线性能的目的。

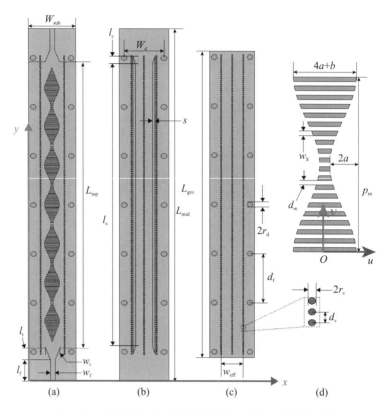

图 4.10 基于复合模式传输线的漏波天线的结构示意图

表 4.1 漏波天线的几何结构参数

几何参数	参数值	几何参数	参数值	几何参数	参数值
W_{sub}	20 mm	L_{top}	148 mm	r_d	1.6 mm
W_d	15 mm	L_{mid}	180 mm	d_f	25 mm
w_{eff}	10 mm	L_{gro}	156 mm	r_v	0.3 mm
w_t	6 mm	l_t	8 mm	d_v	1 mm
w_f	2 mm	l_f	8 mm	d_m	0.5 mm
w_s	0.5 mm	l_c	2 mm	p_m	20 mm
a	1.5 mm	l_s	145 mm	s	0.6 mm
b	1.2 mm				

4.2.3 天线辐射原理

一般情况下,漏波天线主波束指向角可以由如下公式决定:

$$\theta = \arcsin\left[\frac{\beta(\omega)}{k_0}\right] \tag{4.6}$$

其中，$\beta(\omega)$ 为电磁波在漏波天线中传输时的相移常数，k_0 为电磁波在自由空间中传播时的相移常数。根据 Floquet 理论，周期调制结构的引入会激发出无限空间谐波，其相位常数 β_n（$n=0$，± 1，± 2，…）可以用以下公式表示：

$$\beta_n = \beta_0 + \frac{2n\pi}{p_\mathrm{m}} \tag{4.7}$$

其中，p_m 为图 4.10 中缝隙长度变化包络曲线的周期，β_0 为基模的传播相位常数。在所有的空间谐波中，-1 阶谐波会首先辐射，其对应的主波束辐射方向角为

$$\theta = \arcsin\left[\frac{\beta_0 p_\mathrm{m} - 2\pi}{k_0 p_\mathrm{m}}\right] \tag{4.8}$$

侧向辐射是漏波天线在主波束扫描中存在的特殊状态，在发生侧向辐射时，漏波天线上的电磁能量的辐射相位是相同的，即 $\beta_0 p_\mathrm{m} - 2\pi = 0$。因为辐射缝隙的长度是变化的，所以在其对应的基模色散研究中取其平均长度作为参考，即将正弦周期变化的缝隙（缝隙长度 $2a + b = 4.2$ mm）的平均色散代入公式可以得到：当频率为 10.1 GHz 时，对应的漏波天线会发生侧向辐射。

4.2.4　仿真与测试结果

图 4.11 为全波仿真条件下 10 GHz 时电磁能量沿着漏波天线传输时的电场分布，其中图(a)为上层介质中的电场分布，图(b)为下层介质中的电场分布。从电场分布中可以看出，上层电场能量要明显大于下层电磁能量，电磁能量在传输过程中未发生明显衰减，这说明电磁能量的泄漏比较缓慢，电磁整体的泄漏比较均匀。由电磁能量的分布也可以看出，电磁波沿着漏波天线进行传输时，其波导波长在不同区域是不一样的，在通过缝隙较长的地方时波导波长小，说明该处的相位色散明显，这个现象符合上述色散曲线的分析。

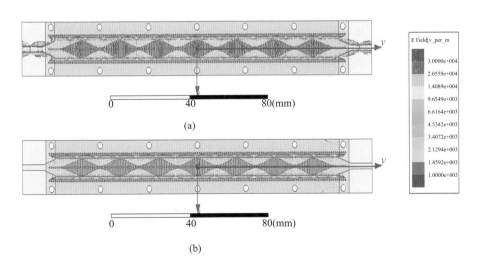

图 4.11　电磁能量沿着漏波天线传输时的电场分布图

为更好地验证天线的性能，按照天线结构示意图对漏波天线进行加工测试。天线实物

样品如图 4.12 所示。天线分为上下两块分别加工，分别如图 4.12(a)和(b)所示。图 4.12(c)中展示的为最终组装的待测试的天线结构。天线整体长度为 290 mm，宽度为 20 mm。因为需要固定，所以在金属化过孔两侧加工有直径为 3.2 mm 的过孔，最后通过塑料铆钉将上下两层紧紧贴合在一起。这些铆钉分布于等效电壁结构的外侧，因此不会对天线的电磁特性造成决定性的影响。在集成电路加工中，并不需要通过铆钉进行固定，而是采用热压技术将两层电路板直接贴合在一起，天线的尺寸能够进一步地进行缩减，其横向宽度能够减小至 10 mm 左右。

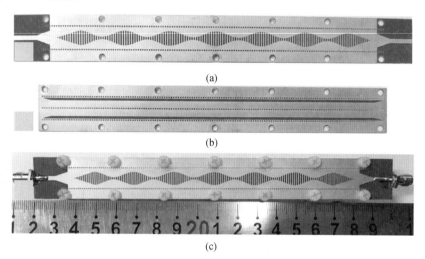

图 4.12　漏波天线的实物样品图

图 4.13 为天线的 S 参数曲线的仿真与测试对比。从图 4.13 中可以看出，漏波天线表现出良好的传输特性，仿真与测试结果基本一致，具有相同的变化规律。因为基于复合模式传输线的漏波天线的衰减常数 α 比较小，天线传输能量的泄漏较少，所以天线的 S_{21} 曲线在工作频率范围内维持在较高的水平，最终表征为漏波天线的效率较低。

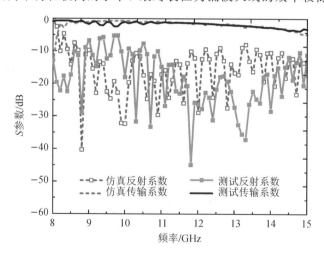

图 4.13　天线的 S 参数的测试与仿真对比

将天线样品在微波暗室进行天线远场辐射特性的测量，观察天线的远场辐射特性。因为在仿真条件下，漏波天线在 8.3～15 GHz 的频率范围内具有良好的远场特性，另外在 10.3 GHz 时，漏波天线的主波束指向 0° 方向，所以分别取 8.3 GHz、9.0 GHz、10.3 GHz、11 GHz、12 GHz、13 GHz、14 GHz 以及 15 GHz 八个频率点进行测量并与仿真结果进行对比。

图 4.14 是漏波天线在八个频率下测量和仿真的归一化远场方向图。图 4.14 中显示了 yOz 平面上的主波束方向随频率变化的情况，以及主极化、交叉极化和天线副瓣的特征。随着频率的增加，漏波天线主波束从后向 $-42°$ 连续扫描到前向 $+68°$，覆盖了后向辐射和前向辐射两个象限，扫描范围达到了 110°。图 4.14(c) 展示的是漏波天线在侧向方向上的辐射。从图 4.14(c) 中可以看出，漏波天线在侧向辐射时，副瓣波束达到 -10 dB，测试和仿真的交叉极化均在 -35 dB 以下，天线在侧向辐射时具有良好的辐射特性。在漏波天线工作的频率范围内，漏波天线的交叉极化电平都保持在较低的水平，因此漏波天线在主波束扫描平面内具有良好的极化纯度。从图 4.14(a) 和 (h) 中可以看出，随着漏波天线主波束方向靠近端向辐射方向，漏波天线的方向图会变差，主波束会呈现出畸形的特点，同时副瓣会变大。在前面分析漏波天线的辐射原理时，得到漏波天线在 10.1 GHz 时 -1 阶空间谐波会发生侧向辐射，这个频率点与漏波天线的测试和全波仿真结果都比较接近。

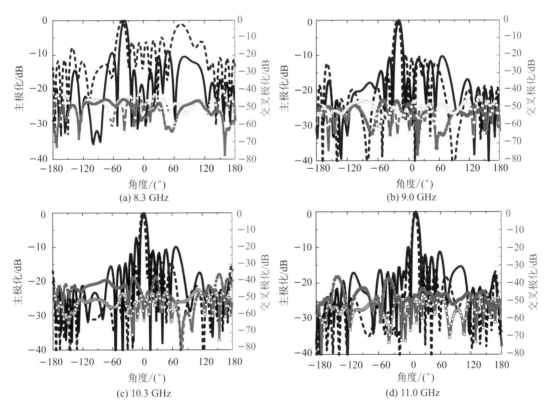

(a) 8.3 GHz　　(b) 9.0 GHz　　(c) 10.3 GHz　　(d) 11.0 GHz

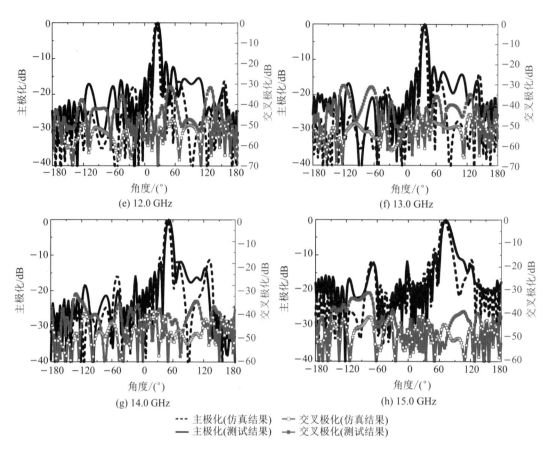

(e) 12.0 GHz   (f) 13.0 GHz

(g) 14.0 GHz   (h) 15.0 GHz

- - - 主极化(仿真结果) —□— 交叉极化(仿真结果)
—— 主极化(测试结果) —■— 交叉极化(测试结果)

图 4.14　漏波天线在不同频率下的归一化远场方向图

　　侧向辐射是漏波天线工作的一个特殊状态，本节给出的漏波天线在 10.3 GHz 时发生侧向电磁辐射。图 4.15 给出了漏波天线在侧向辐射时的方向图。从图 4.15 中可以看出，漏波天线在主波束扫描中呈现出扇形波束，在扫描平面(yOz 平面)内波束窄，3 dB 波束宽

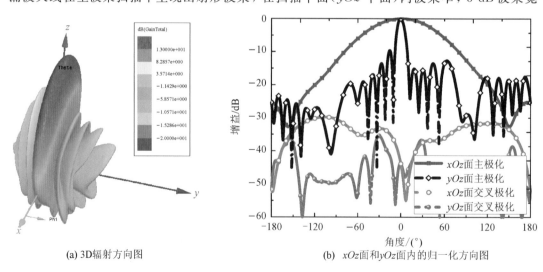

(a) 3D辐射方向图   (b) xOz面和yOz面内的归一化方向图

图 4.15　漏波天线侧向辐射时的方向图

度达到 6°，在相对应的垂直平面(xOz 平面)内波束宽，3 dB 波束宽度达到 84°。漏波天线在侧向辐射时，主波束最大增益为 11.9 dB，天线辐射没有明显的副瓣和背瓣。

图 4.16 给出了漏波天线主波束指向角和辐射增益随着频率变化的曲线。从图 4.16 中可以看出，所测试的八个频率点的波束指向角和辐射增益与仿真结果吻合良好。由天线波束指向角的仿真结果可以看出，漏波天线实现了从后向辐射到前向辐射的连续主波束扫描，指向角与频率之间呈现出准线性变化的规律；由天线辐射增益的仿真结果可以看出，在大多数工作频率范围内，天线辐射增益保持在 12 dB 左右，并且在侧向辐射(10.3 GHz)时并没有发生明显的降低，这说明通过正弦周期调制激发出 -1 阶空间谐波并形成辐射，能够较好地解决开阻带效应对漏波天线性能的影响。

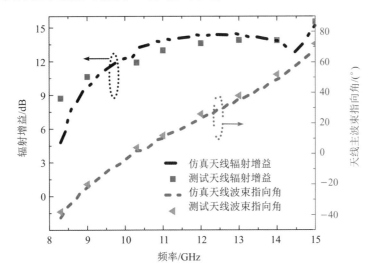

图 4.16　漏波天线主波束指向角和辐射增益随频率变化的曲线

通过前面分析可知，相对于全模 SIW，本节给出的复合模式传输线的横向尺寸缩小为原来的一半，因此在小型化的集成电路中，本节给出的漏波天线具有一定的优势。

本节利用基于折叠 SIW 的复合模式传输线，设计了一款具有前后连续扫描范围的低交叉极化漏波天线。首先阐述了 FSIW 技术，并基于此给出了复合模式传输线，其色散特性及电场分布表明，所给出的复合模式传输线比 SIW 传输线具有更强的电磁色散特性；其次，在复合模式传输线的基础上，将上层表面的缝隙长度进行正弦周期调制，以此激发出 -1 阶空间谐波，形成电磁辐射；最后，对所设计的漏波天线进行加工测试，测试结果表明在 8.3～15 GHz 的频率范围内，漏波天线主波束从后向 $-42°$ 连续变化至前向 $+68°$，覆盖范围达到了 110°，在 10.3 GHz 时，漏波天线实现了侧向辐射，对应的天线增益为 11.9 dB，3 dB 波束宽度为 6°。在工作频率范围内，漏波天线的辐射增益维持在 12 dB 左右，交叉极化维持在 -30 dB 以下，具有良好的低交叉极化性能。由于天线具有宽扫描角度、低交叉极化等特性，因此该漏波天线在 X 波段和 Ku 波段具有广泛的应用前景。

4.3 基于 TE_{20} 复合模式传输线的多波束漏波天线设计

4.2 节中的基于 T 形折叠 SIW 的新型复合模式传输线比 SIW 结构具有更强的色散特性。漏波天线的波束扫描特性就是利用传输线的色散特性实现的。在大多数场合，SIW 的使用都是基于其基模形式的，高阶模态的 SIW 的使用场合较少，主要有两个方面的因素：一是工作于高阶模态的 SIW 相对于基模形式尺寸更大；二是 SIW 的高阶模态相对于基模形式及馈电技术复杂，激发出高阶模态的电磁场较为困难。不过，高阶模态的 SIW 在应用中也存在着独特的优势：一是相对于采用馈电网络，其结构简单，制造成本较低；二是制造精度要求低，具有更高的性能稳定性。

图 4.17 为 TE_{20} 模式 SIW 中的横截面及电磁场分布示意图。在横向方向上分布着两个半波长电磁波，最强的电磁场分布于横向两侧的 1/4 处，最强的两处电场始终大小相等，方向相反。根据 SIW 理论，其电场分布应该满足如下要求：

$$E_z = -\mathrm{j}\frac{\omega\mu}{k_c^2}\frac{2\pi}{w_{\mathrm{eff}}}H_0\sin\left(\frac{2\pi}{w_{\mathrm{eff}}}x\right)\mathrm{e}^{-\mathrm{j}(\omega t - \beta y)} \tag{4.9a}$$

$$H_y = \mathrm{j}\frac{\beta}{k_c^2}\frac{2\pi}{w_{\mathrm{eff}}}H_0\sin\left(\frac{2\pi}{w_{\mathrm{eff}}}x\right)\mathrm{e}^{-\mathrm{j}(\omega t - \beta y)} \tag{4.9b}$$

$$H_z = H_0\cos\left(\frac{2\pi}{w_{\mathrm{eff}}}x\right)\mathrm{e}^{-\mathrm{j}(\omega t - \beta y)} \tag{4.9c}$$

$$\beta = \sqrt{4\pi^2 f^2 \mu\varepsilon_0\varepsilon_r(1-\mathrm{j}\tan\delta) - \frac{4\pi^2}{w_{\mathrm{eff}}}} \tag{4.9d}$$

其中，H_0 为振幅常数；k_c 为截止波数；β 为相位常数；$\omega = 2\pi f$，为角频率；μ 为介质板的磁导率。类似地，根据 SIW 的场分布可以得到 SIW 在 TE_{20} 模式下的截止频率 $f_c^{TE_{20}-SIW}$、波导波长 $\lambda_g^{TE_{20}-SIW}$、等效阻抗 $Z_e^{TE_{20}-SIW}$ 等特性参数。

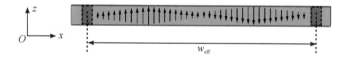

图 4.17　TE_{20} 模式 SIW 中的横截面结构及电磁场分布示意图

4.3.1 TE_{20} 复合模式传输线结构

图 4.18 为基于 TE_{20} 模式 SIW 的新型复合模式传输线的结构示意图。图 4.18(a) 为平面示意图，图 4.18(b) 为 3D 示意图。在 TE_{20} 模式 SIW 中存在着两个半波分布，因此在构造新型传输线时在上金属表面刻制两排均匀的缝隙结构，两排缝隙结构的中心相距 d_m，两排金属柱之间的间距为 w_{eff}。由于复合模式传输线是在 TE_{20} 模式 SIW 的基础上给出的，并且其电场分布与 TE_{20} 模式 SIW 的类似，因此称该新型复合模式传输线为 TE_{20} 复合模式传输线。

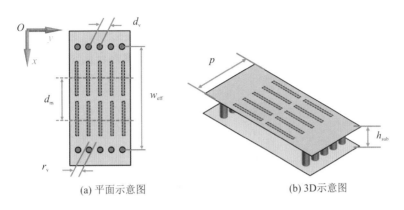

(a) 平面示意图　　　　　(b) 3D示意图

图 4.18　基于 TE$_{20}$ 模式 SIW 的新型复合模式传输线的结构示意图

研究 TE$_{20}$ 复合模式传输线中结构参数对其色散特性的影响，能够指导漏波天线的设计，本节将结构参数缝隙长度 l_{slot} 和缝隙中心距离 d_m 作为研究对象。为了更好地对比分析，TE$_{20}$ 复合模式传输线的其他几何参数的初始值设置为：介质层厚度 h 为 0.508 mm，缝隙宽度 w_{slot} 为 0.5 mm，传输线的长度 p 为 5 mm，金属柱之间的间隔为 20 mm。图 4.19(a) 为 TE$_{20}$ 复合模式传输线表面的缝隙长度 l_{slot} 变化时色散曲线的变化趋势，此时两排缝隙之间的中心距离 $d_m = 10$ mm；图 4.19(b) 为 TE 复合模式传输线的缝隙中心距离 d_m 变化时色散曲线的变化趋势，此时缝隙长度 $l_{slot} = 5$ mm。从图 4.19(a) 中可以看出，随着缝隙长度的变大，复合模式传输线的色散程度变大，表面缝隙的长度变化改变了传输线的上限截止频率，缝隙长度越长，上限截止频率越小，表面缝隙长度的变化对下限截止频率几乎没有变化。从图 4.19(b) 中可以看出，两排缝隙之间的间隔变化基本上不会影响传输线的色散特性。

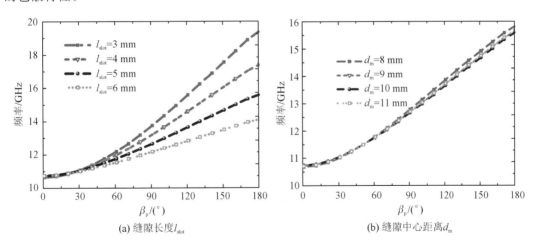

(a) 缝隙长度 l_{slot}　　　　　(b) 缝隙中心距离 d_m

图 4.19　TE$_{20}$ 复合模式传输线的色散曲线随结构参数的变化

为了激发出 TE$_{20}$ 模式的电磁场，需要采用特殊的馈电模式。图 4.20 给出了新型复合模式传输线示意图。传输线分为上下两层介质结构，下层介质结构主要进行馈电，上层介质结构进行复合模式电磁场的传输。在中间层的金属表面上刻制有两个缝隙，微带线馈入的能量经过这两个缝隙耦合进入传输区域。因为采用的是缝隙耦合式馈入,在缝隙两侧的电场大小相等,方向相反,所以正好激发出传输线需要的高阶模式电磁场。在耦合缝隙两侧各有一金属柱,通过调节金属柱的相对位置可以调节缝隙耦合能量的强度,使得缝隙耦合匹配达到最佳。

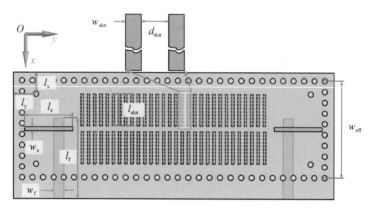

(a) 平面示意图

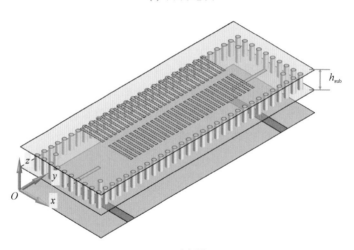

(b) 3D示意图

图 4.20　基于 TE_{20} 模式 SIW 的新型复合模式传输线示意图

为了验证 TE_{20} 复合模式传输线的传输性能,在全波仿真软件 HFSS 中建立如图 4.18 所示的传输线模型,其几何参数的取值如表 4.2 所示。模型中采用的介质基板材料为 Rogers RT 5880,相对介电常数为 2.2,损耗正切角为 0.0009,上下层介质层的厚度均为 0.508 mm。作为对比,建立 TE_{20} 模式 SIW 传输线模型,除了上层金属表面没有周期缝隙外,其他的几何参数保持一致。在 HFSS 全波仿真条件下得到的散射矩阵参数如图 4.21 所示。从图 4.21 中可以看出,在频率大于 8 GHz 时,两款传输线都保持着良好的传输性能,具有较宽的传输带宽,虽然在上表面刻制有周期分布的缝隙,但是 TE_{20} 复合模式传输线保持着对应 SIW 传输线所具有的宽带传输特性,二者之间的差异主要为电磁波传输过程中波导波长不同。

表 4.2　TE_{20} 复合模式传输线的几何参数

几何参数	参数值	几何参数	参数值	几何参数	参数值	几何参数	参数值
W_{sub}	28 mm	w_{slot}	0.5 mm	l_f	22 mm	d_v	1 mm
w_{eff}	26 mm	d_{slot}	0.5 mm	l_s	14 mm	L_{top}	60 mm
w_f	2.3 mm	l_x	3.3 mm	l_{slot}	5 mm	h_{sub}	0.508 mm
w_s	0.3 mm	l_y	4.5 mm	r_v	0.6 mm	d_m	14 mm

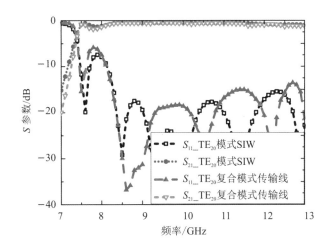

图 4.21　TE_{20} 模式 SIW 传输线与 TE_{20} 复合模式传输线的仿真 S 参数对比

4.3.2　同步扫描双波束漏波天线设计

1. 漏波天线结构

图 4.22 为基于 TE_{20} 复合模式传输线的同步扫描漏波天线示意图。漏波天线除了缝隙结构与传输线不同外,其他几何参数的取值与图 4.20 一致。两列周期变化的槽缝的中心距

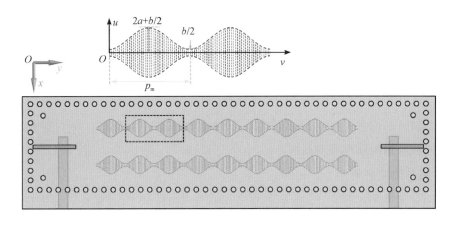

图 4.22　基于 TE_{20} 复合模式传输线的同步扫描漏波天线示意图

离 $d_m = 14\ \text{mm}$，横向缝隙的两侧包络曲线在新建坐标系 vOu 中可以表示为

$$u = \pm \left[a\sin\left(\frac{2\pi v}{p_m}\right) + a + \frac{b}{2} \right] \tag{4.10}$$

其中，$a = 1.6\ \text{mm}$，$b = 1\ \text{mm}$，每个调制周期的长度 $p_m = 10\ \text{mm}$，整个天线的大小为 $230\ \text{mm} \times 25\ \text{mm} \times 1.016\ \text{mm}$。

2. 漏波天线工作原理分析

图 4.23 为设计的漏波天线辐射示意图。在该漏波天线中，对端口 1 进行馈电，端口 2 加载匹配负载，则电磁能量沿着 $+y$ 轴方向进行传输并逐渐辐射。在 TE_{20} 复合模式传输线中横向分布着一个波导波长的电场，因此，通过两排正弦调制缝隙辐射出来的电场具有 $180°$ 的相位差。

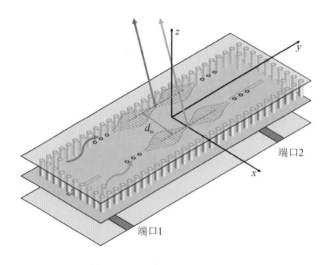

图 4.23　漏波天线辐射示意图

将一个正弦调制缝隙看作一个天线单元，则该漏波天线可以视为一个简单的二元阵列，单元间距为 d_m，相位差为 π，则对应的二元阵的阵因子 $f_a(\theta, \varphi)$ 为

$$f_a(\theta, \varphi) = 2\left| \cos\left(\frac{\Psi}{2}\right) \right| = 2\left| \cos\left(\frac{kd_m\cos\varphi + 2\pi}{4}\right) \right| \tag{4.11}$$

当 $kd_m\cos\varphi + 2\pi = 4n\pi$（$n = 0, \pm 1, \cdots$）时，阵因子取得最大值。假设一个正弦调制缝隙辐射的远场表达式为 $f_u(\theta, \varphi)$，则根据方向图乘积定理得到漏波天线的远场表达为

$$F(\theta, \varphi) = f_a(\theta, \varphi)f_u(\theta, \varphi) = 2\left| \cos\left(\frac{kd_m\cos\varphi + 2\pi}{4}\right) \right| f_u(\theta, \varphi) \tag{4.12}$$

在本节设计的漏波天线中，天线因子 $f_u(\theta, \varphi)$ 和阵因子 $f_a(\theta, \varphi)$ 均随着频率变化，天线因子的主波束指向随着频率扫描。

3. 仿真与测试结果

为了验证漏波天线的设计，在电磁全波仿真软件 HFSS 中对漏波天线进行建模仿真，对端口 1 进行馈电，将端口 2 设置为 $50\ \Omega$ 的匹配电阻。图 4.24 为仿真得到的漏波天线散射矩阵参数。从图 4.24 中可以得到，漏波天线工作于 $9.2 \sim 14.0\ \text{GHz}$（相对工作带宽达到

41.4％)时，仿真得到的反射系数 S_{11} 均小于－10 dB，这说明天线在工作频率范围内具有良好的阻抗匹配特性。

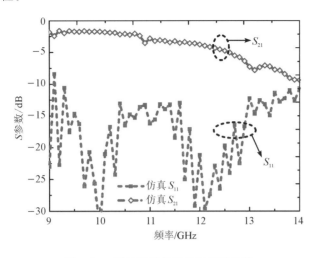

图 4.24　漏波天线仿真散射矩阵参数

图 4.25 为仿真条件下漏波天线远场 3D 方向图，从 9.2～13.7 GHz 的频率范围内，间隔 0.5 GHz 取了 10 个频率点进行观察。从其远场方向图中可以看出，漏波天线具有两个主波束，分别位于＋x 轴半球和－x 轴半球的区间范围内，两个波束随着频率变化的趋势是一致的，均由后向向前向进行扫描。需要注意的是，在 10.7 GHz 左右时，两个波束的最大值方向均落在 xOz 平面内，漏波天线在这个频率上实现了侧向辐射，漏波天线实现了双波束的前后向连续扫描。从 3D 方向图可以看出，两个波束相对于 yOz 面基本保持着镜像的关系。

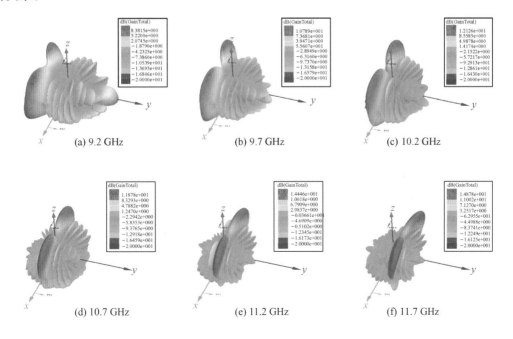

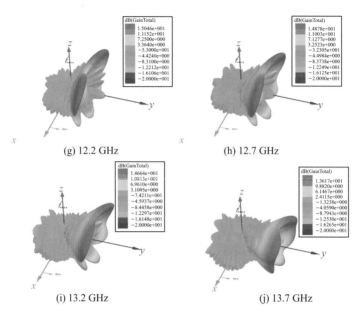

(g) 12.2 GHz   (h) 12.7 GHz

(i) 13.2 GHz   (j) 13.7 GHz

图 4.25　漏波天线仿真 3D 方向图

为了更加清晰地描述漏波天线随频率扫描的特点，在图 4.26 中分别描绘了两个波束随着频率变化时的扫描覆盖范围，图中虚线内封闭区域为主波束对应的 -3 dB 能量覆盖的区域。从图 4.26 中可以看出，漏波天线主波束指向随着频率变化，在 θ 方向和 φ 方向均发生变化，通过将图中封闭区域的包络进行连接能够得到该漏波天线的扫描空间范围。漏波天线随频率在 θ 方向发生变化的原因是两个辐射结构之间的相位差随着频率变化而变化，即式(4.12)中的阵因子发生了变化；漏波天线随频率在 φ 方向发生变化的原因是电磁波沿着 y 轴方向泄漏时存在色散，即式(4.12)中的天线因子发生了变化。由两个波束覆盖的区域形状可以看出，两个波束不仅在波束指向上对称，在波束形状上也是对称的，这是漏波天线结构的对称性造成的。从天线的远场方向图可以看出，天线主要沿着 φ 方向进行扫描，并且沿着该方向两个波束的变化分别为 $-41°\sim+63°$、$+219°\sim+119°$，两个波束分别扫描了 $104°$ 和 $100°$。

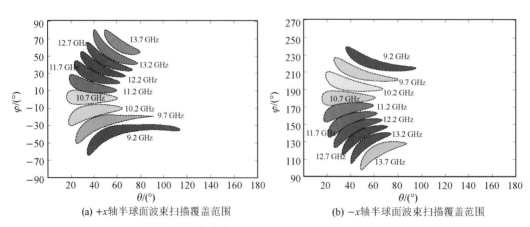

(a) $+x$ 轴半球面波束扫描覆盖范围   (b) $-x$ 轴半球面波束扫描覆盖范围

图 4.26　仿真条件下漏波天线扫描范围示意图

图 4.27 为两个主波束的增益在仿真条件下随频率变化的曲线，漏波天线在 9.2～13.7 GHz 的频率范围内，其辐射增益基本上都大于 8 dB，最大增益达到了 15.1 dB，这说明天线具有良好的辐射特性。两个波束之间的增益在扫描过程中基本相等，这进一步说明了两个波束基本对称。从以上分析可以看出，漏波天线的两个波束的指向角、波形、增益的变化随着频率的变化基本是一致的，波束指向和波形在空间上保持着对称性，增益大小保持一致，因此可以认为这两个波束是同步扫描的。

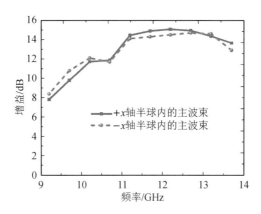

图 4.27　仿真条件下漏波天线的两个主波束的增益随频率变化的曲线

为进一步验证天线的性能，按照天线结构示意图对漏波天线进行加工测试，天线实物如图 4.28 所示。天线分为辐射部分和馈线部分，馈线部分如图 4.28(c)、(d)所示，通过塑料铆钉将馈线固定在天线的背面，最后得到的组装天线如图 4.26(e)所示。测量得到其散射矩阵参数如图 4.29 所示，并将仿真得到的 S 参数与测试结果进行对比。

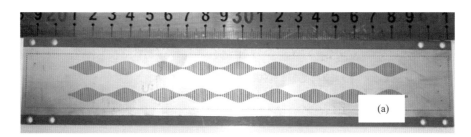

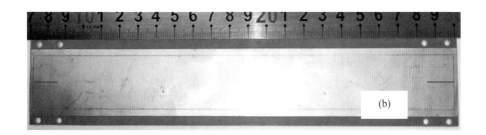

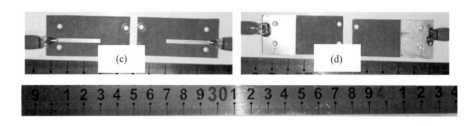

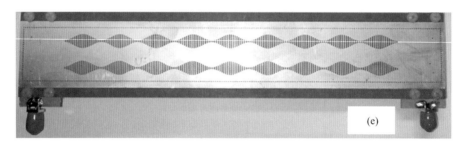

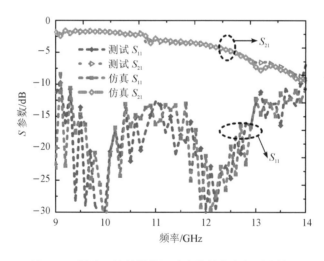

图 4.28　漏波天线实物图

由图 4.29 可以看出，测试结果与仿真结果吻合良好。在 9～14 GHz 的频率范围内，天线的反射系数 S_{11} 基本上都小于 -10 dB，这说明天线在这一频率范围内具有良好的阻抗匹配性能。在工作频率范围内，传输系数 S_{21} 保持在一个较高的水平，这说明能量在漏波天线中下降较慢，在整个天线辐射区域能量的辐射较为均匀，天线在扫描面上的波束较窄。

图 4.29　漏波天线的散射矩阵参数的仿真与测试结果

因为该漏波天线不沿着特定的直线方向进行扫描，所以天线的最大辐射方向在空间上也是随 θ 和 φ 两个方向同时进行变化的，在对不同频率下的天线主波束进行测量时存在一定的困难。侧向辐射作为漏波天线波束扫描时的一个特殊状态，其两个波束均落在 xOz 平面上，这为天线方向图的测试提供了方便。在微波暗室中对组装好的漏波天线进行远场方向图测量。图 4.30 为在 10.7 GHz 时 xOz 平面内天线归一化方向图的测试结果与仿真结果的对比。从图 4.30 中可以观察到，其主极化在平面内有两个峰值，对应 θ 为 $\pm 35°$，在两个波束中间存在着一个零点，位于零度方向，这是因为两个槽缝辐射的能量在该方向上刚好抵消。在该平面内，不管是主极化还是交叉极化，仿真结果与测试结果均吻合较好。

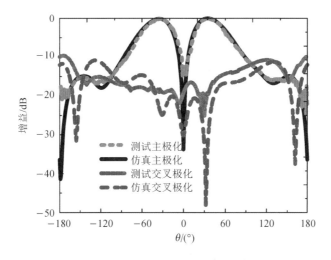

图 4.30　在 xOz 平面内天线方向图的仿真与测试结果(10.7 GHz)

　　本节设计了一款具有空间镜像对称波束的漏波天线，两个波束随着频率的变化具有相同的扫描规律，波束的扫描区域分别位于笛卡儿坐标系中的 Ⅰ、Ⅳ 象限和 Ⅱ、Ⅲ 象限。通过在 TE_{20} 复合模式传输线上对缝隙长度进行周期性调制，能够激发对应模式的 -1 阶空间谐波并形成辐射。由于两个缝隙结构辐射的电磁能量在 yOz 平面上抵消，因此在该平面上形成辐射零点，并且将原来的扇形波束一分为二，形成两个镜像对称的波束。通过对天线样品进行加工和测试，得到天线的 S 参数曲线和远场方向图，结果表明在 9.2～13.7 GHz 的频率范围内，两个主波束在 φ 方向分别实现了 $114°$ 和 $110°$ 的角度扫描，从而实现了波束由后向辐射到前向辐射的连续变化。该漏波天线的两个波束具有对称性，天线具有良好的远场特性，在提升通信系统的质量等方面具有重要的意义。

4.3.3　异步扫描双波束漏波天线设计

1. 漏波天线结构

　　4.3.2 节给出了一款镜像对称的双波束漏波天线，因为缝隙结构辐射的波束指向一致，且相位相反，因此在 yOz 平面上表现为相互抵消的效果。如果将两个缝隙结构辐射的波束错开，即在空间上无法抵消，则漏波天线在 yOz 平面上将存在两个波束，并且因为色散程度不同，所以在空间中不会重合相消。图 4.31 为基于 TE_{20} 复合模式传输线的异步扫描双波束漏波天线的结构示意图，与图 4.22 展示的漏波天线的结构不同，该天线的两个缝隙的正弦调制周期不同。在相同的辐射距离上，上侧的辐射缝隙具有 9 个波长的调制包络，对应调制波长为 p_{m1}；下侧的辐射缝隙具有 11 个波长的调制包络，对应的调制波长为 p_{m2}。

两个辐射缝隙结构的调制幅度是相同的,这样能够保证两个辐射缝隙结构在能量辐射上保持基本一致。漏波天线除了缝隙结构与传输线不同外,其他几何参数的取值与图 4.22 一致。两列周期变化的槽缝的中心距离 $d_m = 14$ mm,上侧横向缝隙的两侧包络曲线在坐标系 $v_1 O_1 u_1$ 中可以表示为

$$u_1 = \pm \left[a \sin\left(\frac{2\pi v_1}{p_{m1}}\right) + a + \frac{b}{2} \right] \tag{4.13}$$

下侧横向缝隙的两侧包络曲线在坐标系 $v_2 O_2 u_2$ 中可以表示为

$$u_2 = \pm \left[a \sin\left(\frac{2\pi v_2}{p_{m2}}\right) + a + \frac{b}{2} \right] \tag{4.14}$$

在式(4.13)和式(4.14)中,$a = 1.6$ mm,$b = 1$ mm,正弦调制的周期分别为 $p_{m1} = 10$ mm,$p_{m2} = 90/11$ mm,整个天线的大小为 230 mm$\times 25$ mm$\times 1.016$ mm。

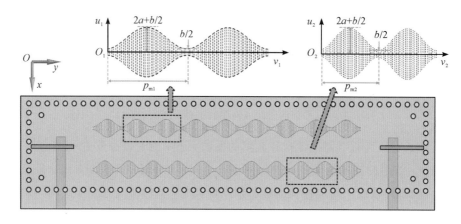

图 4.31 基于 TE_{20} 复合模式传输线的异步扫描双波束漏波天线的结构示意图

图 4.32 为双正弦周期调制漏波天线辐射示意图。在该漏波天线中,对端口 1 进行馈电,端口 2 加载匹配负载,则电磁能量沿着 $+y$ 轴方向进行传输并逐渐辐射。在 4.2.3 节中详细讨论了 -1 阶空间谐波辐射时天线主波束与调制周期之间的关系,利用式(4.8)得到两个缝隙辐射的主波束:

$$\theta_1 = \arcsin\left(\frac{\beta_0}{k_0} - \frac{2\pi}{k_0 p_{m1}}\right) \tag{4.15a}$$

$$\theta_2 = \arcsin\left(\frac{\beta_0}{k_0} - \frac{2\pi}{k_0 p_{m2}}\right) \tag{4.15b}$$

其中,β_0 表示对应传输线主模的相位常数。通过分析可以得到调制周期越大,对应天线的主波束指向角越大,则对于本节的存在两种周期的正弦调制,上侧缝隙辐射形成的主波束指向角大于下侧缝隙辐射形成的主波束辐射角,因此该漏波天线会在扫描方向形成两个主波束,并且随频率的变化先后进行连续扫描,扫描过程中下侧缝隙辐射形成的波束会一直跟随上侧缝隙辐射形成的波束。

2. 仿真与测试结果

为了验证上述双波束漏波天线的相关扫描特性,一方面在全波仿真软件中对该漏波天

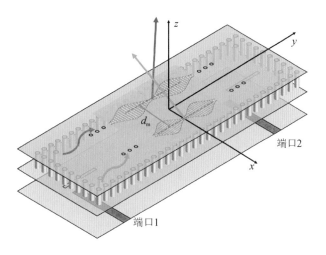

图 4.32　漏波天线辐射示意图

线进行建模仿真，得到漏波天线的仿真性能；另一方面，对天线进行加工，利用矢量网络分析仪对天线的散射矩阵参数进行测量，在微波暗室中对天线的远场辐射特性进行测量。图 4.33 为漏波天线的实物图。和 4.3.2 节的漏波天线相似，该天线也分为馈线部分和辐射部分，本节的漏波天线的馈线仍然采用 4.3.2 节中的加工样品。

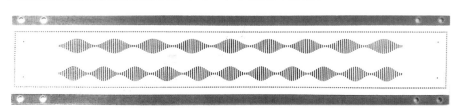

图 4.33　漏波天线的实物图

图 4.34 是天线散射矩阵参数的仿真与测试结果。通过比较可以看出，在 9.2～13.7 GHz 的频率范围内，仿真与测试结果吻合良好，反射系数参数 S_{11} 的值在 -10 dB 以

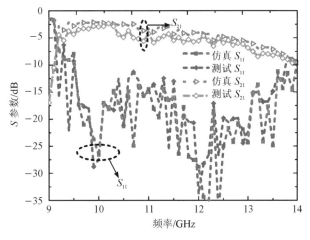

图 4.34　漏波天线的散射矩阵参数的仿真与测试结果

下，说明漏波天线具有良好的阻抗匹配效果。观察漏波天线的传输系数可以发现，在工作频率范围内，其传输系数维持在 -5 dB 左右，在高频段有明显的下降，这说明能量在漏波结构中传输较好，泄漏比较慢。

在全波仿真软件 HFSS 中对漏波天线的远场特性进行仿真，得到从 9.2 GHz 到 13.7 GHz 中间隔 0.5 GHz 一共十个频率点的远场辐射 3D 方向图，如图 4.35 所示。从图中可以看出，漏波天线远场辐射有两个扇形主波束，波束的最大增益方向均指向 $+z$ 轴方向，随着频率的变化，两个主波束由后向辐射连续扫描变化至前向辐射。为了更好地研究两个波束的特性，称随频率扫描在前的波束为波束 I ，一直滞后的波束为波束 II 。

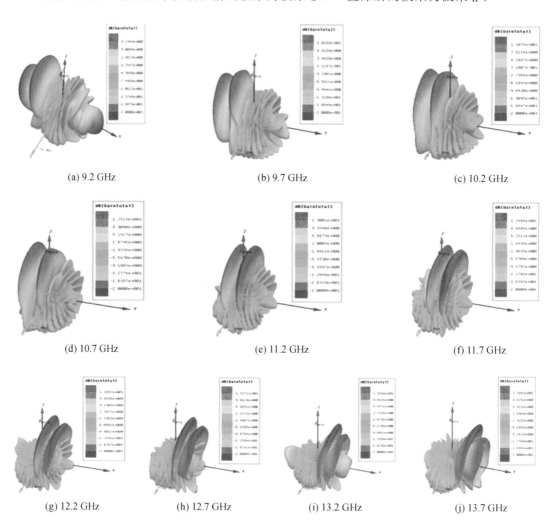

(a) 9.2 GHz   (b) 9.7 GHz   (c) 10.2 GHz

(d) 10.7 GHz   (e) 11.2 GHz   (f) 11.7 GHz

(g) 12.2 GHz   (h) 12.7 GHz   (i) 13.2 GHz   (j) 13.7 GHz

图 4.35　漏波天线仿真 3D 方向图

从 3D 辐射方向图可以看出，两个波束的最大增益方向一直处于 yOz 平面上，因此可以在其扫描平面内对漏波天线两个波束的特性进行更加细致的研究。图 4.36 为 yOz 平面（$\varphi=90°$）内天线的归一化方向图。在 10.7 GHz 时，两个主极化波束中，右侧波束的指向角为 $0°$，即波束指向侧向；在 11.7 GHz 时，两个主极化波束中，左侧波束的指向角为 $0°$。当

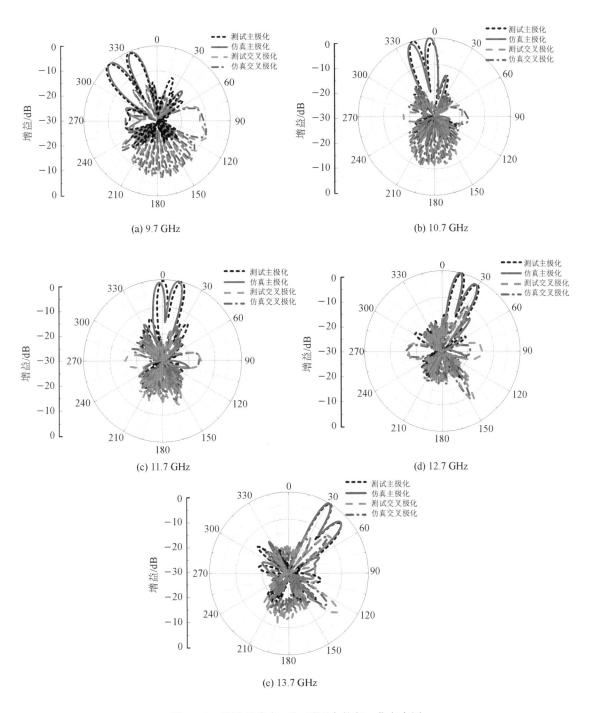

(a) 9.7 GHz

(b) 10.7 GHz

(c) 11.7 GHz

(d) 12.7 GHz

(e) 13.7 GHz

图 4.36　漏波天线在 yOz 平面内的归一化方向图

两个波束指向侧向时，辐射增益基本不变，这说明两个波束的扫描都能克服开阻带的影响，具有良好的连续扫描效果。在扫描过程中，两个波束的增益大小基本保持一致，波束的夹角维持在一定的范围内。与漏波天线的双波束不同，两个波束在扫描过程中，波束均保持着扇形形状，但是二者的变化没有直接的关系。根据漏波天线的设计可知，两个波束的扫描与两个缝隙结构的调制周期密切相关，所以可以认为两个波束的扫描是非同步的，两个波束的控制可以通过调节结构进行控制。

图 4.37(a)和(b)分别展示了两个波束在扫描过程中波束指向角和天线辐射增益随着频率变化的过程。从图 4.37 中可以看出，测试与仿真结果吻合良好，在 9.2～13.7 GHz 的频率范围内，波束Ⅰ的扫描范围为 −35°～47°，最大增益达到 13.1 dB，平均增益为 10.6 dB；波束Ⅱ的扫描范围为 −62°～32°，最大增益达到 13.4 dB，平均增益为 11.7 dB。波束Ⅱ的平均增益比波束Ⅰ的平均增益大 1.1 dB，这是因为在相同的辐射长度上，波束Ⅱ对应的辐射结构的调制周期有 11 个，而波束Ⅰ对应的辐射结构的调制周期只有 9 个。

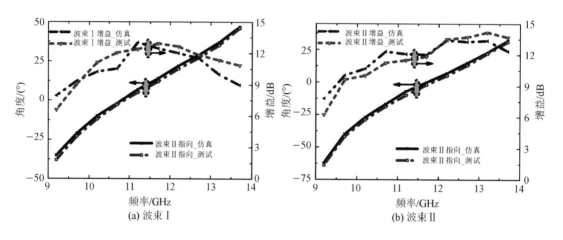

图 4.37　漏波天线两个波束的指向角与增益

本节给出了一款前后象限连续的双波束漏波天线，两个波束在扫描过程中属于前后跟随的关系。对 TE$_{20}$ 复合模式传输线中两个缝隙结构进行不同周期的正弦调制，两个缝隙结构会辐射出具有不同扫描角度的主波束，从而形成随着频率进行扫描的双波束漏波天线。电磁全波仿真与测试结果表明，在 9.2～13.7 GHz 的频率范围内，漏波天线的第一个波束实现了 −35°～+47° 的前后连续扫描，总共扫描了 82°，波束的平均增益为 10.6 dB，具有良好的辐射性能；天线扫描的第二个波束在频率变化时一直滞后于第一个波束，在工作频率范围内，该波束实现了 −62°～+32° 的前后连续扫描，总共扫描了 94°，天线的平均增益为 11.7 dB。相对于单波束天线，该双波束漏波天线对工作的区域进行了两次扫描，而且两次扫描到同一位置对应的频率不相同，因此将该双波束漏波天线应用于目标探测会得到更加准确的探测信息。

4.3.4　高增益单波束漏波天线设计

1. 漏波天线结构

4.3.2 节给出了一款具有镜像双波束的漏波天线，该天线由两个具有 180° 相位差的缝隙结构进行电磁辐射，在扫描的中心方向上电磁能量相互抵消，因此其中心方位为辐射零点，而在扇形波束两侧电磁能量叠加。相反地，本节将引入 180° 的相位补偿，以弥补馈电结构中引起的相位差，这样在中心方位上电磁能量会叠加，从而增强漏波天线的辐射增益。

图 4.38 为基于 TE_{20} 复合模式传输线的高增益漏波天线的平面示意图。在图 4.38 中，下侧缝隙结构的长度进行余弦调制，调制幅度与正弦调制的幅度保持一致。两列周期变化槽缝的中心距离 $d_m = 14$ mm，上侧横向缝隙的两侧包络曲线在坐标系 $v_1 O_1 u_1$ 中可以表示为

$$u_1 = \pm \left[a \sin\left(\frac{2\pi v_1}{p_m} \right) + a + \frac{b}{2} \right] \tag{4.16}$$

下侧横向缝隙的两侧包络曲线在坐标系 $v_2 O_2 u_2$ 中可以表示为

$$u_2 = \pm \left[a \cos\left(\frac{2\pi v_2}{p_m} \right) + a + \frac{b}{2} \right] \tag{4.17}$$

在式(4.16)和式(4.17)中，$a = 1.6$ mm，$b = 1$ mm，调制周期 $p_m = 10$ mm，整个天线的大小为 230 mm×25 mm×1.016 mm。

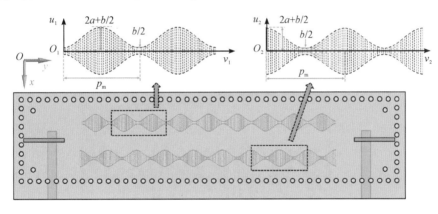

图 4.38　基于 TE_{20} 复合模式传输线的高增益漏波天线的平面示意图

正弦调制和余弦调制在本质上相差了半个调制波长的距离，在相位上则体现为 180° 的相位差，因此通过引入正弦和余弦互补的调制方法，可以对缝隙耦合馈电造成的 180° 相位差进行弥补，达到中心位置上的最大辐射效果。

2. 仿真与测试结果

为了验证上述设计，在全波仿真软件 HFSS 中对相应的漏波天线进行建模仿真，得到相关的仿真结果。另外，对漏波天线进行实物加工，利用矢量网络分析仪对天线的散射矩阵参数进行测量，在微波暗室中对天线的远场辐射特性进行测量。最后将仿真结果与测试结果进行对比，相互验证设计的正确性与有效性。

图 4.39 为漏波天线的实物图。与 4.3.2 节和 4.3.3 节设计的漏波天线一样，该天线包含两个部分：馈线部分和辐射部分。能量的馈线采用的是微带线的缝隙耦合馈电方式。本节设计的三个天线的馈线部分的参数一致，加工的样品可以共用。其他方面的处理与前面的漏波天线一致，在此不再赘述。

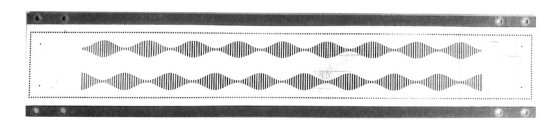

图 4.39　漏波天线的实物图

图 4.40 为漏波天线在仿真条件和测试条件下得到的散射矩阵参数曲线对比。从图 4.40 中可以看出,仿真曲线与测试曲线吻合良好,说明天线设计具有有效性。在 9～14 GHz 的频率范围内,漏波天线的反射系数基本小于-10 dB,这说明天线在工作频率范围内具有良好的阻抗匹配性能;漏波天线的传输系数维持在-5 dB 左右,这说明馈入能量经过漏波天线辐射后,还有一部分由匹配端口吸收,在高频段下降至-10 dB 左右,说明高频段的能量辐射更加充分。仿真曲线与测试曲线之间存在的误差主要来自介质损耗与金属损耗,因此在高频段时,传输曲线的测试值比仿真结果具有更加明显的衰减。

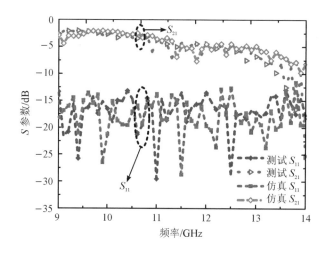

图 4.40　仿真与测试的漏波天线的散射矩阵参数

前面设计的几款漏波天线在 10.7 GHz 时会发生侧向辐射,本节设计的漏波天线的缝隙长度的调制参数与前述漏波天线一致,因此,根据漏波天线的辐射原理,本节设计的天线在 10 GHz 左右时应该也会发生侧向辐射。图 4.41(a)为 10.7 GHz 时漏波天线辐射的 3D 方向图,图 4.41(b)为对应 xOz 平面和 yOz 平面内漏波天线辐射的归一化方向图。在侧向辐射方向上,漏波天线在扫描平面(yOz 平面)内的主波束 3 dB 宽度为 8°,在垂直平面(xOz 平面)内的主波束宽度为 46°。天线在侧向辐射时其增益达到了 16.7 dB,相对于 4.3.2 节和 4.3.3 节中的漏波天线的增益均有较大提高。另一方面,其在 xOz 面上的扇面有明显的减小,即 xOz 面上的 3 dB 波束宽度有减小,这是因为在扇形两侧方向上两个缝隙辐射的能量发生了抵消。

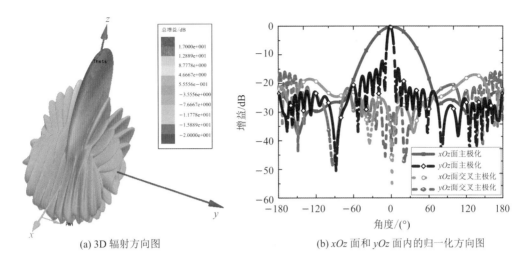

(a) 3D 辐射方向图　　　　　　　(b) xOz 面和 yOz 面内的归一化方向图

图 4.41　漏波天线侧向辐射时的方向图

图 4.42 给出了漏波天线在 9.7 GHz、10.7 GHz、11.7 GHz、12.7 GHz 以及 13.7 GHz 时 yOz 面内归一化方向图的仿真与测试结果对比图。由图 4.42 可见，测试结果与仿真结果吻合较好。在 9.7 GHz、10.7 GHz、11.7 GHz 以及 12.7 GHz 时，漏波天线的方向图中未出现明显的副瓣，所有的副瓣均在 −10 dB 以下。在 13.7 GHz 时，漏波天线的主瓣波束变宽，副瓣电平值明显上升，天线的辐射效果变差，这是由于在高频段漏波天线的能量泄漏衰减较快、能量辐射不均匀导致的。从图 4.42 中可以看出，漏波天线在该工作频率范围内交叉极化的值均小于 −10 dB，天线具有良好的低交叉极化效果。

图 4.43 为漏波天线主波束的指向角与对应增益随着频率变化的仿真与测试曲线。在 9.7～13.7 GHz 的频率范围内，漏波天线实现了 −32°～+48° 的连续前后向波束扫描，一共覆盖了 80° 的区域。相对于前两款漏波天线，该漏波天线的辐射增益明显增大，在工作频率范围内，测试的平均增益达到 16.0 dB。

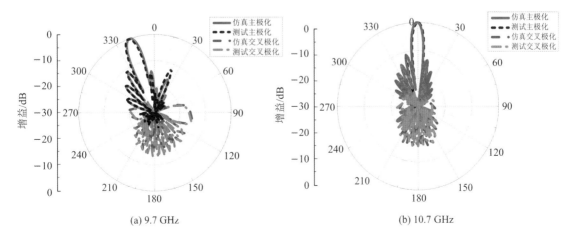

(a) 9.7 GHz　　　　　　　　　　(b) 10.7 GHz

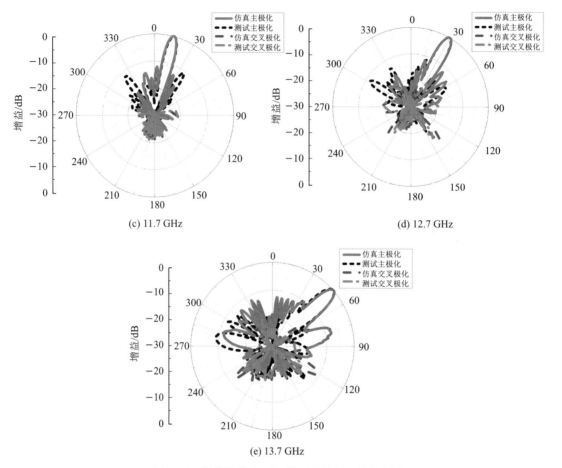

(c) 11.7 GHz　　　　　　　　(d) 12.7 GHz

(e) 13.7 GHz

图 4.42　漏波天线在 yOz 平面内的归一化方向图

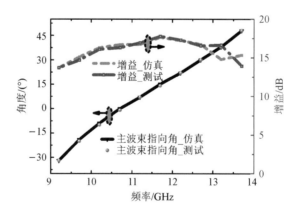

图 4.43　漏波天线的波束指向角与增益

　　本节基于 TE_{20} 复合模式传输线给出了一款具有高增益的漏波天线，通过对传输线中上下两个缝隙结构的长度分别进行正弦和余弦调制，补偿缝隙耦合馈电造成的 $180°$ 相位差，从而使得两个缝隙辐射的电磁能量在中心位置上进行叠加，实现了漏波天线的高增益。全波仿真与测试结果表明，在 $9.7\sim13.7$ GHz 的频率范围内，漏波天线的主波束实现了 $-32°\sim+48°$ 的前后连续扫描，总共覆盖了 $80°$，天线的辐射增益的平均值为 16.0 dB。实质上，本节给出的漏波天线波束与 4.3.2 节中给出的漏波天线波束分别为空间上的和差波束，在 yOz 平面上分别形成辐射的极点和零点，利用该性质能够对垂直于 yOz 面上的目标进行良好的角度识别。与此同时，该漏波天线独立使用也能很好地实现漏波天线的功能。

本 章 小 结

本章主要包括两部分内容：一是折叠式复合模式传输线的结构分析和基于此的漏波天线的设计，二是 TE_{20} 复合模式传输线的分析和研究与基于此的漏波天线的设计研究。

首先在折叠 SIW 结构的基础上，给出了折叠式复合模式传输线，并对其传输特性进行了分析。与 SIW 结构相比，该复合模式传输线具有更高的色散特性，传输效果表现良好。基于折叠式复合模式传输线的漏波天线在天线尺寸、低交叉极化等方面具有优势，能够较好地应用于现代集成系统中。仿真和测试结果表明，该漏波天线在 8.3～15 GHz 的频率范围内实现了漏波天线由后向 $-42°$ 到前向 $68°$ 的连续扫描过程，在 10.3 GHz 时天线沿着侧向方向扫描，增益为 11.9 dB，3 dB 波束宽度为 6°。

然后在 TE_{20} 模式的 SIW 传输线结构的基础上给出了 TE_{20} 复合模式传输线。该结构通过微带线缝隙耦合的方式进行馈电，在横向方向上具有两个半波导波长的电场分布，具有良好的宽带传输特性。

接下来基于 TE_{20} 复合模式传输线给出了三款多波束漏波天线：同步扫描双波束漏波天线、异步扫描双波束漏波天线、高增益单波束漏波天线。

（1）通过将 TE_{20} 复合模式传输线上下侧缝隙的长度进行相同周期的正弦调制，实现了关于扫描平面镜像对称的双波束漏波天线。在 9.2～13.7 GHz 的频率范围内，两个天线波束在扫描方向上分别实现了 110° 和 114° 的角度扫描。

（2）通过将传输线上下侧缝隙结构进行不同周期的正弦调制，实现了上下缝隙结构辐射波束的不同指向角，即形成了两个前后跟随的波束。在 9.2～13.7 GHz 的工作频率范围内，漏波天线的第一个波束从后向 $-35°$ 连续变化至前向 $+47°$，扫描范围达到 82°，平均辐射增益为 10.6 dB；漏波天线的第二个波束从后向 $-62°$ 连续变化至前向 $+32°$，扫描范围达到 94°，平均辐射增益为 11.7 dB。

（3）通过将传输线上下侧缝隙结构分别进行正弦和余弦调制，使得上下缝隙辐射的电磁能量在中心位置上叠加，在两侧方向上抵消，从而增加了天线主波束的辐射增益。该漏波天线在 9.7～13.7 GHz 的频率范围内实现了从后向 $-32°$ 到前向 $+48°$ 的扫描范围，覆盖了 80° 的扫描范围，辐射增益的平均值为 16.0 dB。

这三款漏波天线的波束各有特点，实现了不同的功能，可以应用于不同的场合，因此基于 TE_{20} 复合模式传输线能够更加灵活地设计不同功能的漏波天线。

需要说明的是，不同的调制形式会得到不同的漏波天线电磁辐射特征；采用其他形式的调制，必将会产生不同的结果，后续可以展开相应的研究。

第5章 基于人工磁导体的宽带圆极化交叉偶极子天线

人工磁导体（AMC）作为一种新型人工电磁材料，其独有的特性表现出优异的性能，这一特性来自同相反射特性和特定频率范围内入射波的高阻抗特性。采用 AMC 可以显著增强天线的带宽，有效缩减天线的整体尺寸。

与金属反射板相比，AMC 作为反射板有效地降低了天线的剖面高度，同时与天线形成的空腔可以产生新的谐振模式，从而提高和改善天线的辐射特性，显著提高天线的增益，降低背向辐射，大大提高了天线的前后比。

本章分析了一种人工磁导体加载的低剖面宽带圆极化交叉偶极子天线。该天线由四片加载缝隙的矩形贴片组成，馈电结构为一对 3/4 印刷环，通过适当组合两个倒 L 形偶极子的基模，AMC 表面产生的缝隙模式和新的谐振可以获得宽带圆极化辐射。

5.1 天 线 设 计

5.1.1 天线结构

如图 5.1 所示，在 55 mm×55 mm 的 FR4 基板的两侧印制了交叉偶极子的印刷天线，损耗角的正切为 0.02，相对介电常数为 4.4，厚度为 1.6 mm。该天线包括弯曲延迟线、AMC 反射器、两个带有缝隙的交叉偶极子、半刚性同轴电缆。两个带有缝隙的交叉偶极子分别印刷在基板的上侧和下侧。底部的偶极子相对于上部的偶极子旋转 180°。AMC 接地平面由 6×6 的方形单元结构组成，周期性地印刷在高度为 3.175 mm、平面尺寸为 80 mm×80 mm 的 Cer-10 基板上，损耗角的正切为 0.0035，相对介电常数为 10.2。所给出的交叉偶极子天线位于 AMC 接地平面上方 H 处，由 50 Ω 的单个同轴线激励，通过设计弯曲延迟线提供交叉偶极子贴片之间的正交相位差。在顺序旋转的结构单元的拐角处附接弯曲延迟线，可有效地激发圆极化辐射。调整弯曲延迟线的半径，可以改变天线的宽输入阻抗。另外，与传统的交叉偶极子不同，这里给出的交叉偶极子的圆极化轴比 AR 和阻抗的带宽可通过加载的开口缝隙和窄缝得到有效增强和改善，其带宽可由 L_s、W_s、g 控制。圆极化辐射性能可以通过弯曲延迟产生，该延迟可以使偶极子臂产生 90° 相位差。此外，天线辐射部分由四个完全一致的组合倒 L 形贴片单元顺序旋转组成。通过这种顺序旋转激励的方法可获得宽阻抗带宽。仿真结果表明，为了在保持 S_{11} 优于 −10 dB 的同时使得 3 dB 轴比带宽最大化，对矩形贴片、槽和狭缝的尺寸以及至 AMC 平面的距离 H 进行了优化，详细信息见表 5.1。

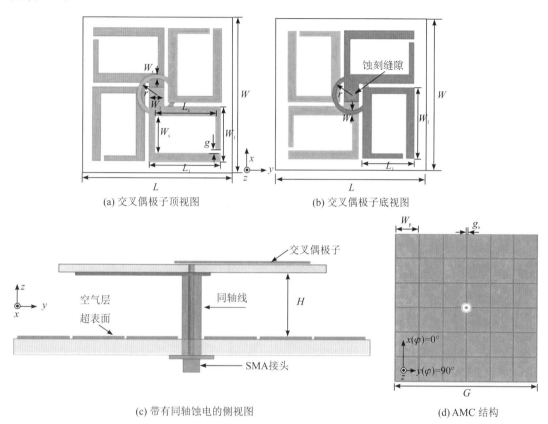

(a) 交叉偶极子顶视图　　　　　(b) 交叉偶极子底视图

(c) 带有同轴蚀电的侧视图　　　　　(d) AMC 结构

图 5.1　基于 AMC 的交叉偶极子天线的结构

表 5.1　优化后的尺寸

参量	尺寸/mm	参量	尺寸/mm
L	55	g	0.25
W	55	H	16.5
W_s	13	L_1	26
L_s	22	W_1	19.4
r	5.7	W_p	11.3
$\lvert H_s \rvert$	1.6	W_r	1.5
$\lvert H_m \rvert$	3.175	G	80

5.1.2 AMC 单元反射相位仿真分析

图 5.2 为作为反射板的 AMC 单元在周期性边界条件下的仿真模型及仿真反射相位。由图 5.2 可以看出，0°反射相位出现在频率点 2.2 GHz 处，反射相位随入射波频率的变化发生连续变化，在 3 dB 轴比带宽内反射相位的变化范围为 10°～−170°，在大部分 3 dB 轴比带宽内 AMC 单元的反射相位在 10°～−90°范围内连续变化，可以认为在该频段内 AMC 单元对入射波具有同相反射的特性。该反射频带可以定义为同相反射带隙，对阻抗带宽及轴比性能都有展宽的作用。

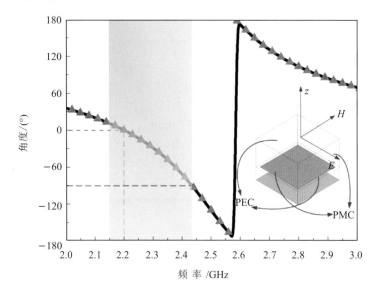

图 5.2　AMC 单元的反射相位仿真分析

5.1.3 设计过程

图 5.3 为天线Ⅰ（Ant.Ⅰ）、天线Ⅱ（Ant.Ⅱ）和设计天线（Proposed Antenna）。天线Ⅰ是具有完整矩形贴片的偶极子，天线Ⅱ是有槽的天线Ⅰ，而设计天线比天线Ⅱ多出额外的狭缝。为了便于比较，三个天线的尺寸相同。图 5.4 为三个天线仿真的反射系数和轴比。尽管三个天线的输入阻抗或反射系数显著不同，但是它们在宽阻抗通带上保持良好匹配，并且可以轻松地获得大于 30% 的带宽。三个天线的轴比发生了显著变化。由图 5.4(b)可见，使用矩形贴片的简单偶极子可以在 2.18 GHz 获得窄的轴比通带。当在天线Ⅱ中加载矩形插槽时，在 2.65 GHz 处出现了更高的轴比通带。这一现象可以解释为槽结构作为主要辐射部分对上频带的轴比具有很大影响。设计天线加载了另一个窄缝，结果如图 5.4(b)中的点画线所示。值得注意的是，因为较低频带中的轴比显著降低至低于 3 dB，而高频带的轴比通带几乎保持不变，所以产生了 23.2% 的宽轴比带宽。通过适当地组合由窄缝形成的基本倒 L 形偶极子模式和槽模式可以实现这种宽带圆极化辐射性能。

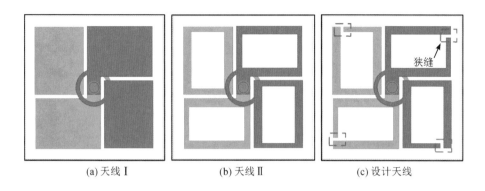

(a) 天线 I　　　　　　(b) 天线 II　　　　　　(c) 设计天线

图 5.3　印刷天线的三个参考结构图

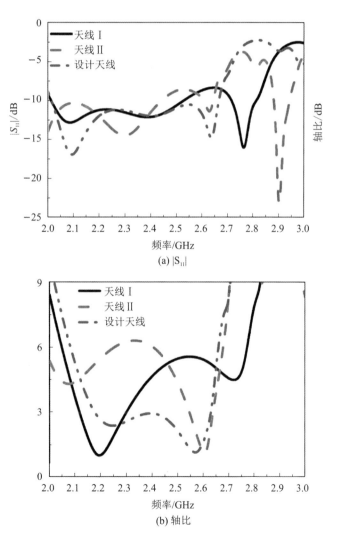

(a) $|S_{11}|$

(b) 轴比

图 5.4　三个天线仿真的反射系数和轴比

图 5.5 为天线置于 AMC 反射器和理想金属(PEC)反射器上的 $|S_{11}|$ 和轴比。与金属反射器不同，由于 AMC 结构具有独特的反射相位特征，因此频率从 π 到 −π 连续变化，将天线的直接辐射波与来自 AMC 结构的反射波有效叠加，即可实现宽带辐射性能。在设计和应用中使用工作频率范围为 2～2.7 GHz 的 AMC 接地平面。采用 AMC 接地平面设计的天线如图 5.1 所示。与辐射源天线置于金属反射器上相比，该天线的特性如图 5.5 所示。显然，辐射源天线置于 AMC 反射器上比辐射源天线置于金属反射器上实现了更好的性能。对于轴比响应，当在金属反射器上加载辐射源天线时，仅出现由槽加载贴片偶极子的基本模式辐射的一个圆极化谐振点。由于 AMC 结构独有的特性，合理调节单元结构参数，可以产生新的轴比最低点，从而在加载 AMC 接地平面时产生 2.15 GHz 附近的额外圆极化频段，此时天线的性能更好，轴比带宽达到 23.2％(2.1～2.65 GHz)。如图 5.6 所示，调节 AMC 反射器和顶部贴片之间的距离(在 2.45 GHz 下约 $\lambda_0/10$)，可以实现良好的辐射特性和阻抗匹配。

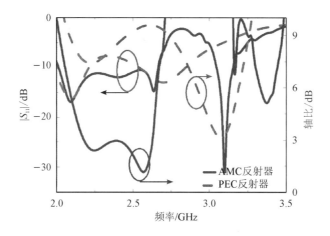

图 5.5 天线置于 AMC 反射器和 PEC 反射器上的 $|S_{11}|$ 和轴比

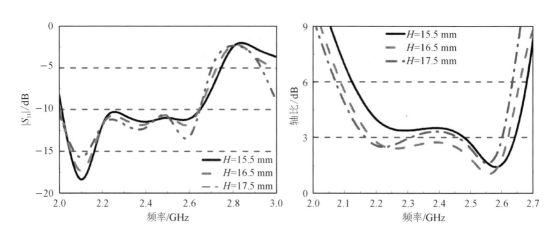

图 5.6 具有 AMC 反射器的加载缝隙的交叉偶极子天线的 H 值的影响

5.2　圆极化产生机制

为了解释产生圆极化的机制，图 5.7 给出了从缝隙贴片侧观察到的仿真表面电流分布。图 5.7 所示为整个天线工作在 2.55 GHz 时分布在交叉偶极子端的表面电流在一个周期内的变化过程，它的相位变化范围为 $0° \sim 270°$。可以看出，随着时间的变化，表面电流矢量逆时针旋转，符合右旋圆极化的特征，这意味着天线在 2.55 GHz 频点处辐射右旋圆极化（RHCP）波。

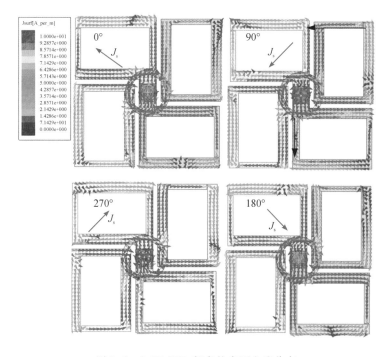

图 5.7　2.55 GHz 频点的表面电流分布

5.3　仿真和测试结果

针对具有宽带圆极化、低剖面和高前后比辐射性能的交叉偶极子天线，通过适当分布狭缝位置和调整天线的结构参数，可以有效激发三个模式：两个倒 L 形偶极子的辐射模式、缝隙模式和由 AMC 表面引起的额外谐振模式。这三种模式的有效组合使得两个轴比最低点相互叠加，从而实现了宽带圆极化性能。图 5.8 所示为设计天线的仿真和测试结果，二者吻合良好，天线轴比（AR<3 dB）带宽为 23.2%（2.1～2.65 GHz），阻抗带宽（$|S_{11}|<$ -10 dB）为 31.6%（2～2.75 GHz）。图 5.9 与图 5.10 为天线在整个圆极化频段内的辐射与增益性能，平均增益约为 9.4 dBic，同时在 $+z$ 轴方向辐射右旋圆极化波，后向辐射被有效抑制，实现了良好的前向辐射性能，在整个工作频带内后向辐射较低。

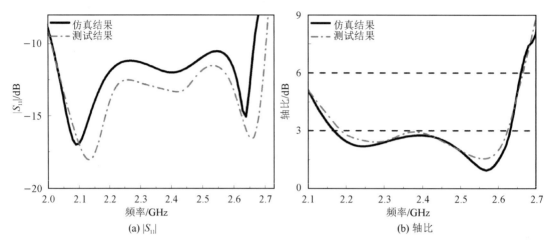

(a) $|S_{11}|$ (b) 轴比

图 5.8　设计天线的仿真和测试结果

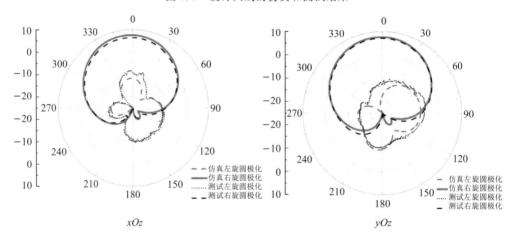

(a) 2.15 GHz

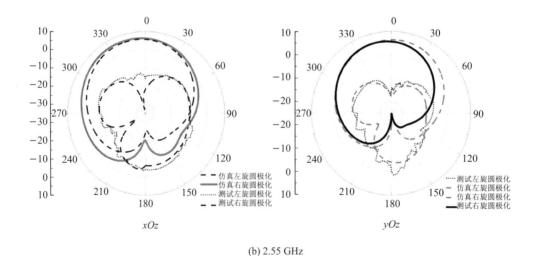

(b) 2.55 GHz

图 5.9　不同频率下的仿真和测试辐射方向图

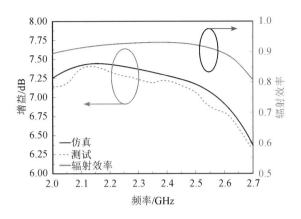

图 5.10 仿真与测试的增益及辐射效率

本 章 小 结

本章介绍了一种加载 AMC 的低剖面交叉偶极子天线。该天线的整体尺寸为 $0.44\lambda_0 \times 0.44\lambda_0 \times 0.1448\lambda_0$，中心频率为 2.4 GHz。测试结果表明，该天线具有以下性能：阻抗带宽为 31.6%（2~2.75 GHz），实现了带宽特性；3 dB 轴比带宽为 23.2%（2.1~2.65 GHz），保证了良好的圆极化特性；在整个圆极化频带内，天线获得了稳定的增益，增益浮动区间仅为 0.5 dBic（9.0~9.5 dBic），并且具有超过 25 dB 的前后比（Front-to-Back Ratio，FBR）；天线在整个圆极化频段内具有平坦稳定的增益性能，平均增益约为 9.4 dBic；在 +z 轴方向上辐射右旋圆极化波，后向辐射被有效抑制，实现了良好的前向辐射性能。

第6章　基于蘑菇型新型人工电磁材料的
宽带圆极化 L 形缝隙天线

宽带、高增益和低剖面一直是人们设计圆极化天线追求的目标之一，采用新型人工电磁材料加载的方法可有效地拓宽圆极化天线带宽并实现整体尺寸的缩减。

本章给出了一种基于新型人工电磁材料的宽带和高增益圆极化天线。所给出的天线由 4×4 周期性排列的蘑菇型超材料单元和 L 形缝隙天线组成。通过采用基于新型人工电磁材料的蘑菇型单元结构引入了新的谐振频点及轴比最低点，并与 L 形缝隙天线形成的轴比最低点相融合，从而显著拓展了轴比带宽，实现了宽带圆极化和高增益特性。

6.1　天线设计

在之前的研究中，通过使用 L 形缝隙天线可以实现具有 $90°$ 相位差的两个正交模式，从而产生圆极化辐射（这种天线的带宽一般都很窄）。单独使用通过蚀刻 L 形缝隙的贴片天线是不可能在宽边方向上获得足够高的增益和足够宽的圆极化带宽的。因此，本节采用了一种基于新型人工电磁材料的蘑菇型结构（MTM），作为覆层放置于蚀刻 L 形缝隙天线的上方（在蘑菇型结构和 L 形缝隙天线之间没有空气层）。这种方法显著改善了圆极化辐射性能，并且在宽边方向上获得了高增益特性。通过共面波导微带馈线和放置在电介质表面的蘑菇型单元之间的电磁耦合，这种方法得到了有效验证。

所设计的基于蘑菇型超材料的 L 形缝隙天线的结构如图 6.1 所示。辐射部分由 4×4 个蘑菇型超材料组成，缝隙耦合天线是由微带线及蚀刻在接地面的 L 形缝隙构成的。蘑菇型超材料的基板和 L 形缝隙天线的基板都具有相同的介电常数 2.2，但它们的高度不同，$H_1=0.5$ mm，$H_2=3$ mm。通过在接地面上蚀刻 L 形缝隙，可将共面波导微带线的能量通过 L 形缝隙耦合到蘑菇型新型人工电磁材料中。在接地金属平面中采用的是 L 形缝隙，为的是激励起两个极化方向垂直并且相位正交的线极化模式，从而满足圆极化辐射的产生条件。通过调整 L 形缝隙的位置和尺寸，可以实现宽带圆极化辐射特性和高增益特性。表 6.1 为优化后的天线的尺寸。

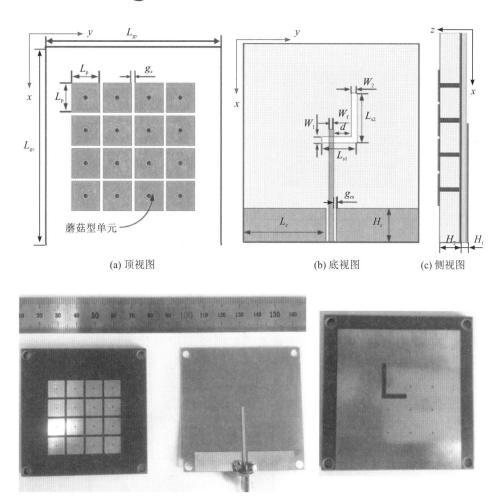

(a) 顶视图　　　　　　　　(b) 底视图　　　　(c) 侧视图

(d) 加工实物图

图 6.1　所设计的蘑菇型天线的结构

表 6.1　天 线 尺 寸

参量	大小/mm	参量	大小/mm	参量	大小/mm
L_{gx}	55	L_{s2}	15	H_c	10
L_{gy}	50	W_1	1.8	H_1	0.5
L_c	25.85	W_f	3	H_2	3
L_p	8.9	d	8		
L_{s1}	11	g_m	1		

　　下面为了说明蘑菇型超材料的 L 形缝隙天线的性能,仿真分析了加载超表面的 L 形缝隙天线结构,如图 6.2 所示。1♯天线为普通超表面(MS)作为覆层置于 L 形缝隙馈源天线上方的结构(中间同样无空气层),2♯天线是本章给出的设计。两种天线的│S_{11}│、轴比和主极化增益都由 HFSS 13.0 仿真得出,如图 6.3 所示。

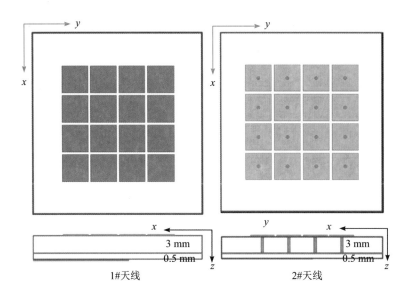

图 6.2 贴片天线上方加载不同结构的覆层模型示意图

由图 6.3 可以看出，加载普通超表面的结构在 $|S_{11}|$ 和轴比方面都表现出了带宽窄、增益性能低的辐射效果；而加载了蘑菇型单元的结构，其主极化辐射方向上的圆极化带宽、阻抗匹配和宽边增益得到了显著改善和提高。

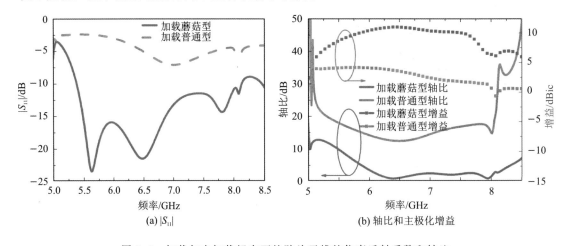

图 6.3 加载与未加载超表面的贴片天线的仿真反射系数和轴比

6.2 参 数 分 析

图 6.4 为不同参数取值对天线性能的影响。由图 6.4(a) 可以看出，L_{s1} 数值上的变化对阻抗带宽有明显影响，而对轴比的影响很小。显然，较低的谐振频点受 L 形缝隙尺寸的水平部分(即 L_{s1})影响较大。随着 L_{s1} 的增加，较低的谐振频点会迅速移动到较高的频率，并且 L_{s1} 的增加也将影响到带宽。因此，综合考量数值变化对各项性能的影响，L_{s1} 的数值应选择 11 mm。

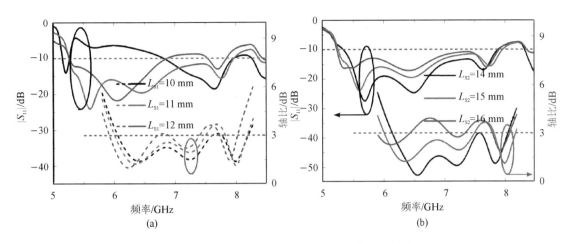

图 6.4　不同参数取值对天线 $|S_{11}|$ 和轴比的影响

由图 6.4(b)可以看出，L_{s2} 的变化对圆极化性能有明显影响，而对阻抗带宽的影响不大。随着 L_{s2} 的增加，低频带、中频带和高频带的轴比趋于向上移动到 3 dB 以上，而中心谐振频率保持不变。将 L_{s2} 从 15 mm 调整到 16 mm 时，低谐振频率向低频移动的同时，轴比带宽更宽了。因此，为了同时在反射系数和轴比两方面实现良好的宽带性能，在选择 L_{s2} 时必须进行权衡，最后进行折中。在所给出的天线的当前模型中，经过反复仿真实验并对仿真结果进行分析，将 L_{s2} 最后设定为 15 mm。

能量从共面波导微带馈线分别通过 L 形缝隙天线耦合到 MS 和 MTM 表面并激发出表面电流，形成相应的感应电场。在 MS 和 MTM 表面，感应电场可以分别沿 x 和 y 方向分解为两个正交分量 E_x 和 E_y。如果 MTM 设计得合理，则 $|E_x|=|E_y|$ 并且可以实现 $\varphi_{E_x}-\varphi_{E_y}=\pm90°$。图 6.5 中示出了在分别加载 MS 和 MTM 的远场中 L 形缝隙天线的 $+z$ 方向(视轴方向或中心)的两个正交分量 E_x 和 E_y 的仿真相位差 $\varphi_{E_x}-\varphi_{E_y}$ 和电场矢量幅度比 $|E_x|/|E_y|$。可以看出，在加载 MTM 的情况下，同时符合 $|E_x|/|E_y|\leqslant3$ dB、相位差 $\varphi_{E_x}-\varphi_{E_y}$ 在 $90°\pm15°$ 范围内的重叠带宽显著提高到 35.5%(5.8~8.3 GHz)，而 MS 作为覆层的带宽仅为 20.8%(5.6~6.9 GHz)。

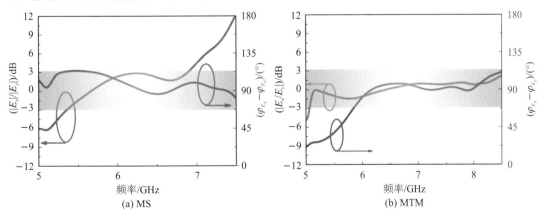

图 6.5　在 $+z$ 方向上仿真相位差 $\varphi_{E_x}-\varphi_{E_y}$ 和幅度比 $|E_x|/|E_y|$

6.3 圆极化产生机制

为了更直观地解释圆极化辐射特性的形成原理，图 6.6 给出了 6.35 GHz 时从 $+z$ 方向看过去时相位变化范围为 $0°\sim135°$ 的 MTM 表面电流分布情况。可以看出，在 $0°$ 相位时 MTM 表面电流与 $+x$ 轴方向成 $45°$ 夹角，经历 $T/8$ 相位变化为 $45°$ 时，表面电流沿着 $+y$ 轴方向，MTM 表面电流在相位为 $90°$ 与 $135°$ 时与 MTM 表面电流在相位 $0°$ 与 $45°$ 时相互正交，因此随着相位在一个周期内变化，MTM 表面电流沿着逆时针方向旋转，符合右旋圆极化的特征。也就是说，沿 $+z$ 方向上 MTM 覆层加载的 L 形缝隙天线可以产生右旋圆极化辐射，这与仿真结果是一致的。

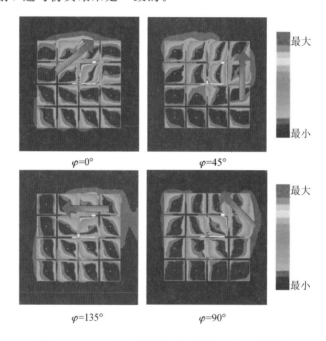

图 6.6　6.35 GHz 处蘑菇型天线的表面电流分布

6.4 仿真和测试结果

图 6.7 所示为天线的仿真和测试结果，测得的阻抗带宽为 44.6%（5.4～8.5 GHz），3 dB 轴比带宽为 34.3%（5.8～8.2 GHz），与仿真结果基本一致。此外，在圆极化带宽内，可实现的主极化峰值增益达到 10.9 dB，特别是在整个圆极化频带内表现出了较为平坦并且十分稳定的增益曲线，在 6～9.5 GHz 频段内表现尤为突出，所获得的增益区间为 10～10.9 dB，并且在圆极化频带内交叉极化几乎都低于 -20 dB 时，同时实现了高辐射效率（均大于 90%）。天线在 6.35 GHz 的辐射方向图如图 6.7(c) 所示，xOz 和 yOz 平面的半功率波束宽度（HPBW）分别为 $61.5°$ 和 $43.0°$。具有良好的右旋圆极化辐射，在圆极化工作频段内交叉极化低于 -15 dB，实现了良好的圆极化性能。

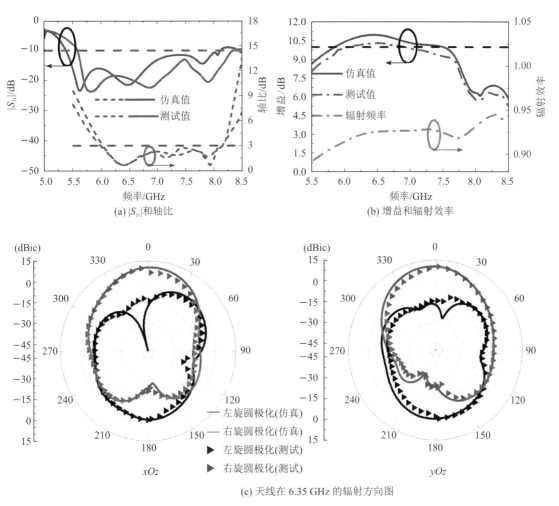

(a) |S₁₁|和轴比　　　　　　　　(b) 增益和辐射效率

(c) 天线在 6.35 GHz 的辐射方向图

图 6.7　天线的仿真和测试结果

本 章 小 结

通过加载基于超材料的蘑菇型单元阵列，本章提出了一种宽带高增益圆极化平面天线。共面波导馈电结构的微带线通过被蚀刻在接地面上的 L 形缝隙将能量有效地耦合到蘑菇型天线中。将其与未加载 MTM 结构的天线性能进行比较，发现该天线结构获得了四个谐振频点和三个轴比最低点，同时结合新引入的轴比最低点，对圆极化带宽拓展给出了合理的解释，然后结合超材料的单元结构的色散图对加载超材料的 L 形缝隙天线的辐射机制进行了物理分析，在数值上给出了两个谐振频点，与仿真实验的数值基本一致。本章还仿真验证了 0°～135°之间的电流矢量分布规律，仿真结果表明其矢量沿着逆时针旋转，因而实现了右旋圆极化。本章最后对所提出的基于超材料的 L 形缝隙天线进行加工并测试。测试数据表明，阻抗带宽为 44.6%(5.4～8.5 GHz)，3 dB 轴比带宽为 34.3%(5.8～8.2 GHz)，与仿真结果基本吻合。此外，蘑菇型天线具备良好的右旋圆极化辐射特性，同时表现出高增益和高辐射效率的特性，其稳定增益区间为 10～10.9 dB 且辐射效率在 90% 以上。

第7章 基于极化转换超表面的宽带圆极化天线

极化转换超表面（Polarization Conversion Metasurface，PCM）具有极化转换特性，可以将线极化波转换为圆极化波，这为圆极化天线的实现提供了一种全新的思路，有助于设计出具有低轴比、宽波束、宽带等性能的圆极化天线。

通过使用 PCM，可以实现对电磁波的极化转换，从而满足不同应用场景对圆极化的需求。这种技术的引入为圆极化天线的设计和应用提供了更多的可能性。本章首先从极化转换超表面的反射特性出发，深入研究了高极化转换率及宽极化转换带宽的 PCM 结构，最后通过加载线极化馈源天线及 PCM 结构作为极化转换反射面（Polarization Conversion Reflective Surface，PCRS）或覆层分别设计出了三款宽带宽波束圆极化天线。

7.1 基于切角形贴片 PCRS 的宽带低轴比圆极化天线

本节研究了一款基于切角形贴片 PCRS 的宽带低轴比圆极化天线，它是由单极子馈源天线和新型 PCRS 组成的，其中超表面由切角形贴片单元的人工磁导体周期排列构成。通过适当调节切角形贴片的参数尺寸，新型 PCRS 可以产生两个极化转换（Polarization Rotation，PR）频点。

7.1.1 天线结构及新型 PCRS

1. 天线结构

图 7.1 为加载 PCRS 的宽带圆极化天线结构图。该天线的组成部分包括由背面涂覆金属的 AMC 单元周期排列而成的 PCRS、平面单极子辐射馈源。其单极子馈源天线由部分地面结构及圆形金属辐射贴片构成，它们分别印制在 Rogers 3003 材质的介质层的两侧，其损耗角正切为 0.0013，相对介电常数为 3，厚度为 1.5 mm。该 PCRS 由 4×4 个 AMC 单元以间距 W 周期排布。图 7.1 中，$L_g = 9.5$，$M_y = 29$，$G = 0.3$，$W = 8$，$C_{ut} = 4$，$h_a = 2.4$，$d = 0.5$，$h_m = 1.5$，$R = 5.5$，$W_f = 3$，$L_f = 12.5$，$L_x = 3$，$L_y = 5.5$，$L = 31.7$，单位均为 mm。G 指相邻切角形贴片间的间隔。

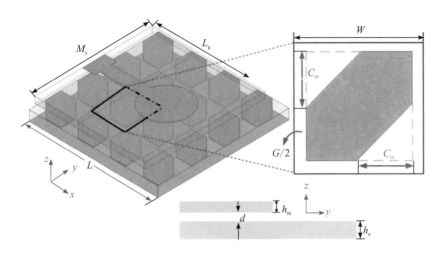

(a) 结构示意图

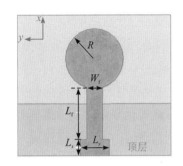

(b) 俯视图和仰视图

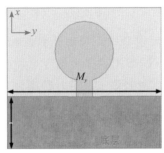

(c) 加工实物图

图 7.1　加载 PCRS 的宽带圆极化天线结构图

2. 新型 PCRS 单元结构设计及分析

在图 7.1 中已经给出了仿真优化后的最佳尺寸，本节通过采用单端口的无限周期 Floquet 边界条件的仿真模型，借助 Ansoft's HFSS 来仿真分析 PCRS 的反射特性。TE 和 TM 波都是线极化波，但是它们相互正交。

图 7.2 为结构单元对入射 TM 波响应下的反射波（包含 TM 波和 TE 波）的 HFSS 仿真模型。当电场沿着 x 轴方向的横磁波（TM 波）入射到该结构表面时，会激励起金属表面向 x 轴方向移动，从而产生沿 x 轴的表面电流，形成 x 轴方向上的反射电场，但是由于非对称结构引起的阻抗不均匀，导致 y 轴方向存在明显的电位差，从而在 y 轴方向上也会引起电子移动，形成沿 y 轴方向上的反射电场，也就是电磁波沿 x 轴入射到该结构表面时，会分别形成沿 x 轴和 y 轴方向的反射电场，即反射波由两种成分的波构成——横电波（TE 波）和横磁波（TM 波）。当水平入射到结构表面（即入射角度为 0°）时，在主辐射方向上 TE 波与 TM 波的幅度相等，相位相差 90°。用 $\Gamma_{TE/TM}$ 代表入射波（TM 波）入射到该结构表面时转换成的正交的反射波（TE 波）与入射 TM 波的比值，它是该结构表面对 TM 波极化转换的能力度量。TE 波的传输零点可以定义为当 TE 波入射到该结构表面时绝大部分转换为与之正交的 TM 波成分。这意味着在该结构中，TE 波的传输被有效地抑制，而 TM 波的传

输得到增强。通过实现 TE 波传输的零点，可以实现电磁波的极化转换，从而实现选择性传输或反射不同极化状态的波。这对于一些应用（如极化分束器、极化隔离器等）具有重要的意义。

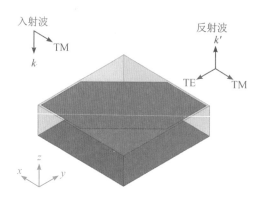

图 7.2　结构单元对入射 TM 波响应下的反射波（包含 TM 波和 TE 波）的 HFSS 仿真模型

图 7.3(a)和(b)为不同入射和反射条件下反射系数的幅度和相位随频率变化的情况。可以看出，本节给出的新型结构的 PCRS 有两个传输零点，分别在 $f_1=5.6$ GHz 和 $f_2=7.3$ GHz 频点，这也就预示着 TE 波入射到该 PCRS 时转换为与其正交的 TM 反射波的能力几乎为 100%。又由于二者的相位相差 90°，因此可以产生预期的圆极化辐射性能。这些点可以称作极化转换点。从图 7.3 中可以观察到，两个极化转换点 f_1 和 f_2 之间可以连成一段宽带的极化转换带宽。正如图 7.3 所描述的，本节给出的 PCRS 单元可以实现 $|\Gamma_{TE/TM}|$ 小于 -10 dB、带宽约为 16.8% 的极化转换带宽，相位相差 90° 的频点发生在 6.2 GHz 处。也就是说，可以形成右旋圆极化辐射，因为 TM 入射波的相位滞后 TE 反射波 90°。

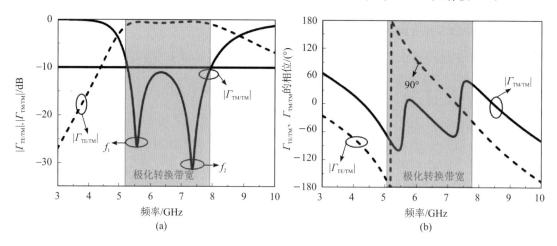

图 7.3　$C_{ut}=4$ mm 时反射系数的幅度和相位随频率变化的情况

从图 7.4 中可以看出，通过采用 Floquet 仿真 PCRS 单元金属辐射贴片，可以观察到表面电流的分布情况。由仿真结果可以得出，在极化转换频点 f_1(5.85 GHz)与 f_2(9.45 GHz)（即在完全极化转换状态下）电流方向均指向与 x 轴成 45° 夹角的对角线方向，这验证了该

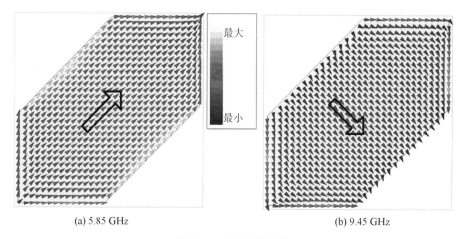

(a) 5.85 GHz　　　　　　　　　　　　(b) 9.45 GHz

图 7.4　表面电流分布

对称结构的极化转换性能。如图 7.5 所示，切角尺寸对极化转换性能有重要影响。很明显，极化转换频点 f_1 及 $\Gamma_{\text{TE/TM}}$ 幅度对切角尺寸非常敏感，但对极化转换频点 f_2 的影响不是很大。更重要的是，极化转换频点 f_1 及 f_2 的幅度均在 -30 dB 以下，从而展现了良好的极化转换性能。

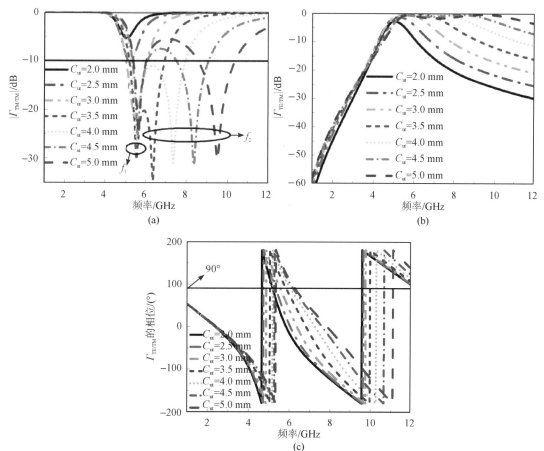

图 7.5　不同切角尺寸(由 2 mm 变化到 5 mm)对反射系数的影响

从图 7.5(a)中可以看出，随着切角尺寸变大，f_2 向高频方向移动的趋势明显，对极化转换带宽也有影响。当切角尺寸增加到 4.5 mm 时，极化转换频带会出现隔断，从而将宽带极化转换带宽分裂成两个窄带，因而导致随着切角尺寸增大，另一个窄带极化转换带宽向高频方向移动。经过反复进行参数扫描分析，在本节中选定 $C_{ut}=4$ mm，可以实现最佳极化转换性能。因此，当准确地调节各参数值时，切角形结构可以实现宽带的极化转换功能，从而使它的性能达到最佳。图 7.6(c)给出了两款 PCRS 的 $\Gamma_{TM/TM}$ 和 $\Gamma_{TE/TM}$ 幅度，可以很好地验证本节设计的天线的性能。

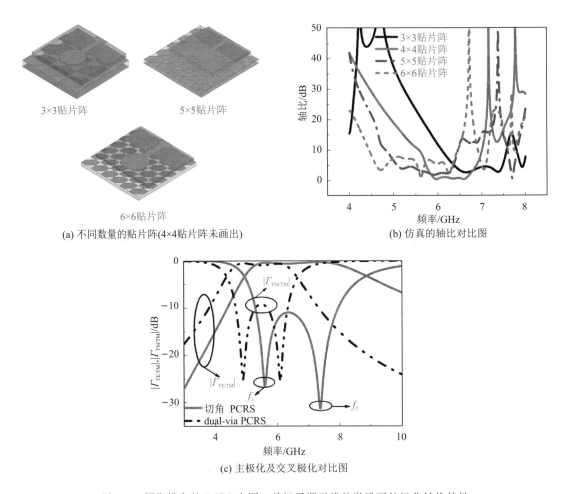

(a) 不同数量的贴片阵(4×4贴片阵未画出)   (b) 仿真的轴比对比图

(c) 主极化及交叉极化对比图

图 7.6   周期排布的 PCRS 在同一单极子源天线的激励下的极化转换特性

为了更好地理解基于 AMC 的 PCRS 单元结构对极化转换性能的影响，科研人员分别仿真并分析了 3×3、4×4、5×5、6×6 周期排布的 PCRS 在同一单极子源天线的激励下的极化转换特性，如图 7.6 所示。通过对仿真结果分析可以发现，通过增加单元的数量可以显著拓展 3 dB 轴比带宽，但是随着单元数的增加，圆极化性能明显削弱了，导致轴比逐渐变大。因此，在追求带宽的同时，又要保证轴比尽可能小，以使得圆极化性能最强。从图 7.6 中的结果可以很明显地看出，4×4 贴片阵形成的 PCRS 能够实现更好的极化转换性能，天线实现了良好的低轴比圆极化性能，在圆极化带宽内其轴比绝大部分在 1 dB 以下，展现了良好的圆极化性能。因此，为了兼顾带宽和轴比特性，实现更好的圆极化辐射性能，必须综合考虑，应选定 4×4 贴片阵形成的 PCRS。

7.1.2　圆极化产生机制

　　为了更好地阐述圆极化产生机制，研究人员仿真模拟了 5.76 GHz 频点处的表面电流分布，如图 7.7 所示。随着相位从 0°变化到 270°，从辐射源天线端看过去，从连续变化的每间隔 90°的一个周期内的表面电流变化可以看出，模拟电场是沿着逆时针旋转的，从而验证了基于切角形贴片 PCRS 的单极子源天线呈现右旋圆极化状态。这与之前从单元结构角度仿真分析的结果是一致的，从而验证了天线的圆极化特性。

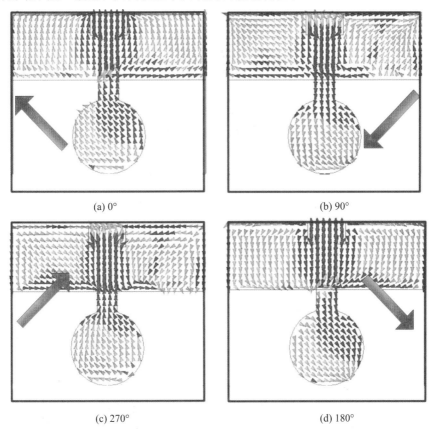

(a) 0°　　　　　　　　　　(b) 90°

(c) 270°　　　　　　　　　(d) 180°

图 7.7　在 5.76 GHz 处的表面电流分布图

7.1.3　仿真与测试结果

　　图 7.8 展示了天线的仿真和测试结果，测得的阻抗带宽为 28.6%(5.4~9.2 GHz)，3 dB 轴比带宽为 18.03%(5.55~6.65 GHz)，与仿真结果基本一致。

　　此外，从图 7.8(b) 中可以看出，在极化转换带宽内，沿着 +z 方向测得的峰值右旋圆极化辐射增益是 5.6 dB，这是在 6 GHz 频点处获得的，与仿真结果相比略有 0.5 dB 的衰减。从图 7.8(c) 中可以看出，在 6.35 GHz 时可以实现最大轴比波束宽度，在 xOz 平面和 yOz 平面分别达到了 165°和 50°，表现出了良好的圆极化辐射性能。

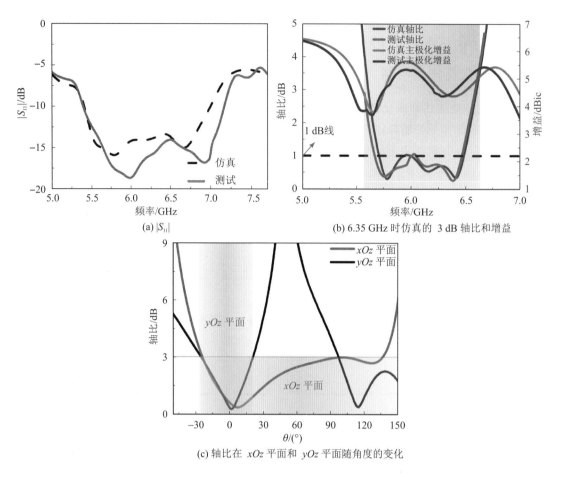

(a) $|S_{11}|$

(b) 6.35 GHz 时仿真的 3 dB 轴比和增益

(c) 轴比在 xOz 平面和 yOz 平面随角度的变化

图 7.8   天线的仿真和测试结果

图 7.9 为仿真和测试的辐射方向图，天线可以在主辐射方向上实现良好的右旋圆极化辐射，并且在绝大部分圆极化带宽内交叉极化在 xOz 平面和 yOz 平面都在 −25 dB 以下。

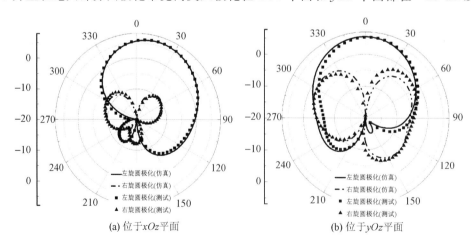

(a) 位于 xOz 平面

(b) 位于 yOz 平面

图 7.9   仿真和测试的辐射方向图

7.2 基于双贴片 PCRS 的宽带宽波束圆极化天线

本节给出了一种双贴片 PCRS 结构,并将它作为反射面应用到单极子馈源天线中,可以实现宽带宽波束低剖面圆极化辐射特性。它由单极子馈源天线及一种基于双贴片型 AMC 结构的新型极化转换超表面构成,通过合理地调节矩形金属贴片与 L 形金属贴片之间的间距,可以产生两个极化转换频率点。该结构与 7.1 节给出的切角形贴片结构的 PCRS 类似。

7.2.1 宽带天线特性的新型 PCRS

基于双贴片型 AMC 结构的新型 PCRS 结构如图 7.10 所示。该结构由矩形金属贴片和 L 形金属贴片构成,它们之间由一条 L 形缝隙分隔开,L 形缝隙在 x 轴方向和 y 轴方向上的宽度分别为 V_x 与 V_y,L 形缝隙外侧偏离介质基片中心的距离在 x 轴方向和 y 轴方向上分别为 P_x 与 P_y。双金属贴片印制在 FR4 介质基板上,FR4 介质基板的损耗角正切为 0.0013,相对介电常数为 3,厚度为 2.4 mm,背面涂覆有金属。

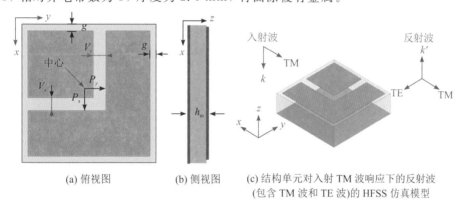

(a) 俯视图   (b) 侧视图   (c) 结构单元对入射 TM 波响应下的反射波
(包含 TM 波和 TE 波)的 HFSS 仿真模型

图 7.10 基于双贴片型 AMC 结构的 PCRS 结构

图 7.11 为反射系数的幅度和相位。由图 7.11 可以看出,本节给出的 PCRS 如 7.1 节

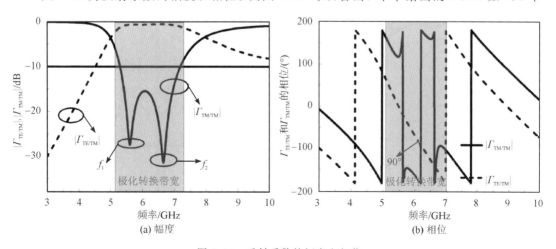

(a) 幅度   (b) 相位

图 7.11 反射系数的幅度和相位

一样可以产生两个极化转换频点，形成了约 35.5% 的 $|\Gamma_{\text{TM/TM}}|$ 小于 $-10\ \text{dB}$ 的极化转换带宽，主极化与交叉极化相位相差 $90°$ 的频点出现在 $6.2\ \text{GHz}$。如上所述，TM 入射波超前 TE 反射波 $90°$，由此可以判断经该 PCRS 反射并与辐射波叠加后呈现左旋圆极化状态。

为了验证该 PCRS 结构单元的极化转换特性，分别仿真了双金属贴片在极化转换频点 f_1 与 f_2 的表面电流，如图 7.12 所示。表面电流均指向与 x 轴呈 $45°$ 的对角线方向，而且电流分布均匀，证实了该对称结构单元的极化转换特性。

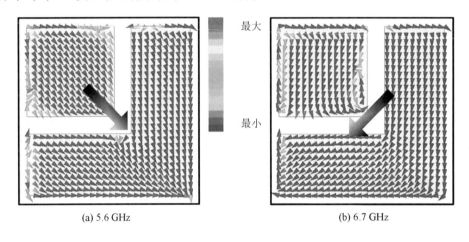

(a) 5.6 GHz   (b) 6.7 GHz

图 7.12　两个转换频点表面电流分布

图 7.13 对随参数变化的极化转换特性进行了分析。图中给出了偏离介质基片中心在 x 轴与 y 轴方向上的距离 P_x、P_y 变化对极化转换性能的影响。可以看出，极化转换频点及 $\Gamma_{\text{TE/TM}}$ 主极化幅度对 L 形缝隙宽度变化很敏感，但是对极化转换带宽及 $90°$ 相位差没什么影响。值得注意的是，连接 f_1 与 f_2 之间的频带形成的极化转换带宽均在 $-30\ \text{dB}$ 以下，这意味着入射到该 PCRS 表面的 TM 波几乎完全转换为 TE 波，说明该结构单元具有优异的极化转换能力。

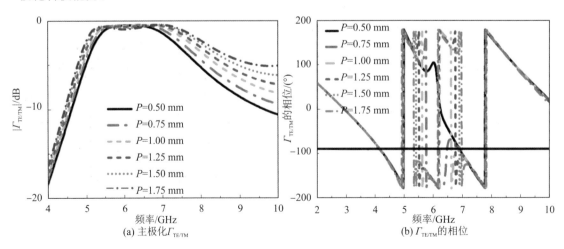

(a) 主极化 $\Gamma_{\text{TE/TM}}$ (b) $\Gamma_{\text{TE/TM}}$ 的相位

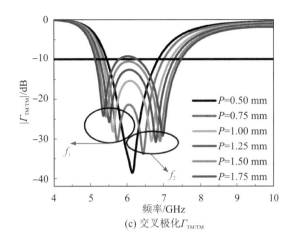

(c) 交叉极化$\Gamma_{TM/TM}$

图 7.13 参数 P 变化对极化转换性能的影响

从图 7.13 中可以看出，随着 P_x 或 P_y 不断增大，$\Gamma_{TE/TM}$ 幅度趋于衰减，即极化转换性能趋于下降，但是对极化转换带宽影响不大。但当 P 增大到 1.5 mm 时，可以观察到出现了一段间隔将宽带割裂成两个窄带，其中一个窄带往高频方向移动，从而导致极化转换性能急剧下降。因此在仿真优化后得出最佳极化转换性能时，选定 $P=1$ mm。当准确调节各个参数时，最后的仿真结果显示该结构可以提供宽带极化转换带宽。

7.2.2 基于新型 PCRS 的宽带宽波束圆极化天线

图 7.14 所示为加载 PCRS 的圆极化天线结构。该天线由 AMC 结构单元周期性排布而成的 PCRS 及平面单极子馈源天线构成，AMC 单元背面有金属涂覆。与 7.2.1 节类似，单极子馈源天线由部分地面结构与圆形金属辐射贴片构成，它们分别印制在介质基板的两侧，基板的损耗角正切为 0.0013，相对介电常数为 3，厚度为 1.5 mm，天线的 PCRS 部分由 4×5 个 AMC 单元以周期性间距 W 排布而成。图中，最佳尺寸为 $W=8$，$h_a=2.4$，$d=0.5$，$h_m=1.5$，$R=5.5$，$W_f=3$，$L_f=12.5$，$L_x=3$，$L_y=5.5$，$L=31.7$，单位均为 mm。

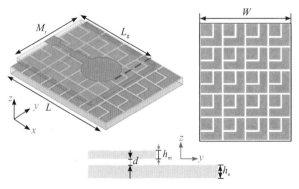

(a) 天线整体结构及PCRS单元排布方式

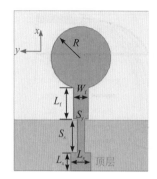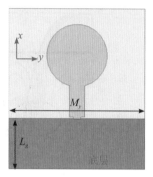

(b) 天线的俯视图和底视图

图 7.14 加载 PCRS 的圆极化天线结构

为了更好地理解基于 AMC 的 PCRS 单元结构对极化转换性能的影响，图 7.15 给出了 4×4、4×5 及 4×6 个单元周期排布的 PCRS 在同一单极子馈源天线的激励下的极化转换特性。通过对仿真结果分析可以发现，通过沿着 x 轴方向增加单元数量可以显著拓展 3 dB 轴比带宽，但是当沿着 y 轴增加单元数量时，高频段的 3 dB 轴比带宽逐渐缩小直至消失，因此圆极化带宽逐渐变窄。值得注意的是，在两个方向上增加单元数量对增益影响不大，同时在仿真过程中不同单元数量的周期性排布的 PCRS 对应的单极子馈源天线都是经过仿真最优化后的最佳尺寸。综合以上仿真结果并进行分析后，4×5 个单元周期性排布方式实现了宽带的圆极化辐射特性，最后选定 4×5 个单元周期性排布作为该设计的 PCRS。

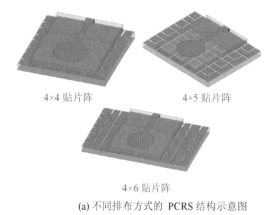

(a) 不同排布方式的 PCRS 结构示意图

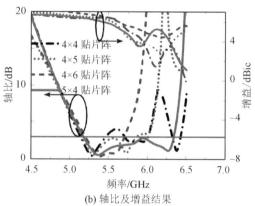

(b) 轴比及增益结果

图 7.15 不同单元数量的性能仿真对比分析

图 7.16 为入射波以不同倾斜角度通过反射板时的响应。从图 7.16 中可以看出，随着斜入射波角度的变化，双金属辐射贴片对入射波保持了良好的极化性能，极化转换带宽受入射波角度变化的影响不大。因为具有稳定的宽角域入射波响应特性，所以可以实现宽角域的 3 dB 轴比波束宽度。

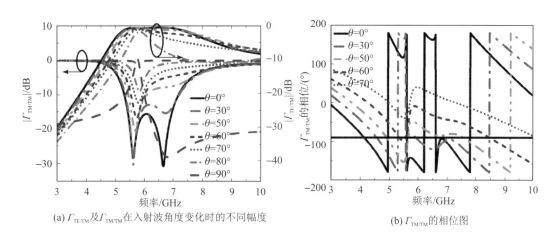

(a) $\Gamma_{TE/TM}$ 及 $\Gamma_{TM/TM}$ 在入射波角度变化时的不同幅度　　　(b) $\Gamma_{TM/TM}$ 的相位图

图 7.16　入射波以不同倾斜角度通过反射板时的响应

7.2.3　圆极化产生机制

　　为了更好地阐述圆极化的产生机制，图 7.17 给出了 5.35 GHz 的表面电流分布。从馈源天线端看过去，仿真模拟的表面电流以 90°的间隔从 0°连续变化到 270°；从一个周期内连续变化的表面电流方向来看，模拟电流矢量是沿着顺时针方向发生变化的，因此该天线辐射电磁波，处于左旋圆极化状态。这与之前对结构单元的仿真分析结果是一致的，从而验证了该 PCRS 的极化转换特性。

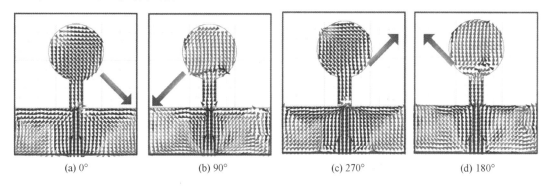

(a) 0°　　　　　　(b) 90°　　　　　　(c) 270°　　　　　　(d) 180°

图 7.17　5.35 GHz 的表面电流分布

7.2.4　仿真和测试结果

　　对基于双贴片 AMC 结构的 PCRS 单极子馈源天线进行加工和测试，结果如图 7.18 所示，测得的阻抗带宽为 1.6 GHz(4.8～6.4 GHz)，3 dB 轴比带宽为 1.25 GHz(5.1～6.35 GHz)，与仿真结果基本吻合。图 7.18(c)给出了天线的 3 dB 轴比波束宽度随频率变化分别在 xOz 平面和 yOz 平面的仿真结果。可以看出，3 dB 轴比波束宽度在 5.35 GHz 处达到最大，在 xOz 平面和 yOz 平面分别为 175°和 128°。图 7.19 给出了在 5.35 GHz 时 3 dB 轴比波束宽度随角度变化的极坐标图。可以看出，测试结果与仿真结果吻合较好，从而验证了本节的设计。

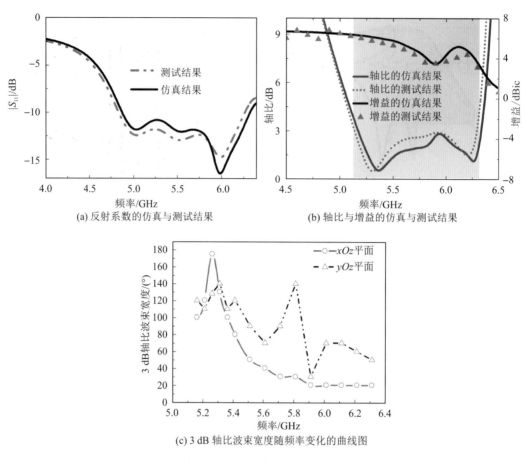

(a) 反射系数的仿真与测试结果　　(b) 轴比与增益的仿真与测试结果

(c) 3 dB 轴比波束宽度随频率变化的曲线图

图 7.18　天线的仿真与测试结果

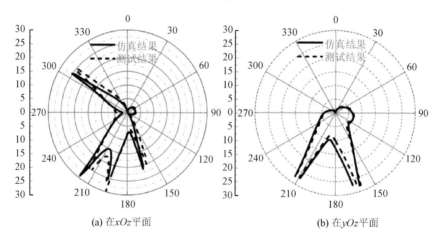

(a) 在 xOz 平面　　(b) 在 yOz 平面

图 7.19　在 5.35 GHz 时 3 dB 轴比随角度变化的极坐标图

图 7.20 为 5.35 GHz 时的辐射方向图。可以看出，天线可以在主辐射方向上实现良好的左旋圆极化辐射特性，并且在圆极化带宽内可以实现分别在 xOz 平面和 yOz 平面的交叉极化都在 -25 dB 以下。

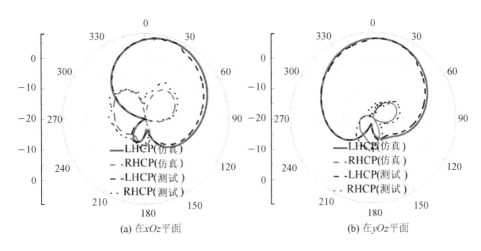

(a) 在 xOz 平面　　　　　　(b) 在 yOz 平面

图 7.20　5.35 GHz 时的辐射方向图

7.3　基于双贴片透射型极化转换超表面的宽带圆极化缝隙天线

本节采用基于 7.2 节给出的双金属贴片周期排布而构成的新型二维平面极化转换超表面结构来实现极化转换功能，设计了由该极化转换超表面结构作为覆层的缝隙天线。本节设计的低剖面圆极化缝隙天线实现了宽带阻抗匹配、宽角域 3 dB 轴比波束和低雷达散射截面（Radar Cross Section，RCS）散射特性。

7.3.1　天线结构

图 7.21 展示了由 7.2 节给出的双贴片 AMC 改进的平面极化转换超表面结构和缝隙馈电结构。该圆极化天线由三层组成。顶层是以 4×4 布局排列的阵列，其使用基于双贴片 AMC 的平面极化转换超表面单元，单元的周期为 W，印刷在 FR4 基板的顶侧（$\varepsilon_r = 4.4$，$\tan\delta = 0.02$）。中间层是蚀刻在金属接地平面上的矩形缝隙，从而构造了传统的缝隙天线，用于将能量耦合到极化转换超表面结构。微带馈电线位于底层，用于激励缝隙天线产生正

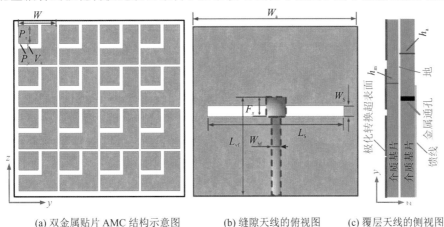

(a) 双金属贴片 AMC 结构示意图　　(b) 缝隙天线的俯视图　　(c) 覆层天线的侧视图

图 7.21　由双贴片 AMC 改进的平面极化转换超表面结构和缝隙馈电结构

向辐射，微带线顶部采用加宽设计并通过金属化过孔与上层介质板相连，以实现低频段通带中的阻抗匹配。中间层和底层之间均为 FR4 基板，其介电常数 $\varepsilon_r = 3.3$，$\tan\delta = 0.0013$，厚度 $h_1 = 0.5$ mm。极化转换超表面和缝隙天线之间没有气隙，并共用相同的接地平面。因此，通过这种设计可以有效地实现低剖面天线。

基于 AMC 的极化转换超表面单元中有一个 L 形金属贴片和一个矩形金属贴片，它们之间由一个宽度为 V_x、V_y 的 L 形缝隙分隔开，其中 L 形金属贴片距基板中心的距离为 P_x、P_y，如图 7.21(a) 所示。该单元印制在 FR4 介质基板之上，FR4 介质基板在中心频点 5.275 GHz 处厚度为 $0.05\ \lambda_0$。图 7.21 中的参数尺寸为 $W = 8$，$P_x = P_y = 0.75$，$h_a = 0.5$，$W_{hf} = 1.6$，$L_{vf} = 19.5$，$F_x = 3.8$，$L_s = 28$，$W_s = 2.2$（单位均为 mm）。

7.3.2 圆极化产生机制

为了解释基于双贴片 AMC 结构的超表面将缝隙天线辐射的线极化波转换为圆极化波的机制，下面给出了等效电路模型，如图 7.22 所示。从缝隙天线辐射的线极化波（x 方向上的电场 $\boldsymbol{E}$）可以分解为两个正交分量（$\boldsymbol{E}_1$ 和 $\boldsymbol{E}_2$）。两个这样的电场通过超表面时会激励起金属表面的大量电子，从而产生表面感应电场。由于超表面具有奇异的物理特性，因此电磁波将与超表面相互作用，并且这种相互作用可以用阻抗方程表示：

$$\left[R_i + \frac{1}{\mathrm{j}\omega C_i} + \mathrm{j}\omega L_i\right]I_i = \sum_i 激励 \quad (i = 1, 2) \tag{7.1}$$

其中，R_i、C_i 和 L_i 分别是两个正交方向上的两种贴片及其之间的缝隙产生的电阻、电容和电感；$\sum_i$ 激励为与缝隙天线产生的电磁场相关的外部激励，即由微带线将能量通过缝隙天线耦合到超表面单元的外部激励源。由于相邻贴片间隙尺寸不同，R_i、C_i 和 L_i 的值将不同，从而使感应电流 I_i 的值不同。随后，来自超表面的两个相应方向的辐射场将发生变化。

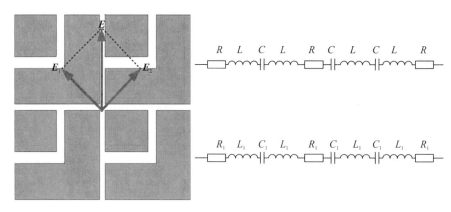

(a) 线极化波转换为圆极化波的机制　　　　　　　(b) 等效电路

图 7.22　等效电路模型

如阻抗方程所示，当双贴片极化转换超表面设计满足 $|Z_1| = |Z_2|$ 且 $\angle(Z_1 - Z_2) = \pm 90°$ 时，将产生圆极化辐射。在这种设计中，由于在 L 形缝隙和超表面矩形贴片之间蚀刻的 L 形槽的宽度不同，$\boldsymbol{E}_1$ 的相位明显超前于 $\boldsymbol{E}_2$，因而实现了左旋圆极化。所以，可以通过

调整双贴片超表面单元的尺寸使得 $|Z_1| = |Z_2|$ 且 $\angle(Z_1 - Z_2) = \pm 90°$，从而使得两正交方向上阻抗相位超前或滞后，实现右旋和左旋圆极化：

$$Z_i = R_i + \frac{1}{j\omega C_i} + j\omega L_i \quad (i = 1, 2) \tag{7.2}$$

为了实现良好的圆极化辐射，对双贴片超表面及其覆层下的缝隙天线进行了同步优化。对于要优化的缝隙天线和超表面结构，为了扩展它们的工作带宽，首先超表面结构应具有与缝隙天线同步一致的工作频带。因此，应仔细优化天线的设计以拓展阻抗匹配带宽和轴比带宽。通过仿真分析发现，某些参数变化对性能有显著影响。为完善设计思路，以下对关键参数的性能影响进行扫描分析，得出性能最优化的参数值。

如图 7.23 所示，随着缝隙天线的缝隙长度 L_s 增加，阻抗匹配中心频点移动至较低频率，但相应带宽会变窄。这种频移主要是由于缝隙内的磁流路径减小。带宽变窄是由整个天线结构的阻抗不匹配造成的。L_s 值也会影响轴比特性，包括最低轴比频点和带宽。当缝隙长度 L_s 在一定范围内增加时，第二个最小轴比频点移至更低的轴比值。然而，一旦缝隙长度 L_s 继续增加，就会观察到一个间隔，它将一个大的 3 dB 轴比频带分隔成一对分离的轴比频带，导致 3 dB 轴比带宽更小。单元间距和 L 形缝隙对天线性能尤其是轴比的影响如图 7.24 所示。双贴片超表面的 L 形槽的长度增加将提高和改善轴比带宽，但对阻抗带宽影响不大。

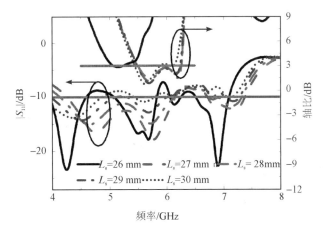

图 7.23　不同缝隙长度 L_s 情况下的 S_{11} 和轴比

图 7.25 为用没有 L 形缝隙的矩形贴片 AMC 的超表面作为覆层的线极化天线。图 7.26 显示了该天线的 $|S_{11}|$、3 dB 轴比和辐射增益，以及和所给出的天线的比较结果。从图 7.26(c) 中可以看出，参考天线和给出的天线都有两种谐振模式：典型的 TM10 模式和反相 TM20 模式。由于圆极化天线的两个谐振模式彼此接近，因此可以获得宽带阻抗匹配。因此，对于由间断频率带分隔开的线极化天线的两个离散阻抗带宽，圆极化天线的阻抗带宽明显增大，相对带宽为 42.7%（4.15～6.4 GHz）。如图 7.26(a) 所示，圆极化天线的增益略微下降，特别是在较高频率时增益仍然大于 4 dB。可以看出，由于线极化天线的轴比较大，因此在图中无法观察到轴比曲线，但所给出的圆极化天线表现出良好的圆极化辐射。

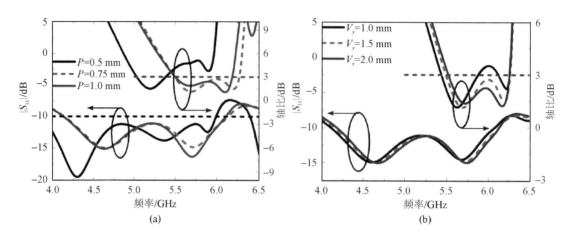

图 7.24 到超表面单元中心的距离和 L 形缝隙宽度不同时的 $|S_{11}|$ 和轴比

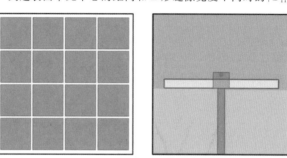

(a) 覆层为没有 L 形缝隙的超表面　　(b) 馈电结构

图 7.25 参考线极化天线的结构

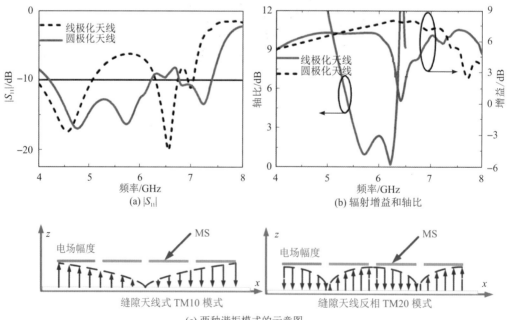

(a) $|S_{11}|$　　(b) 辐射增益和轴比

(c) 两种谐振模式的示意图

图 7.26 参考线极化天线和圆极化天线的仿真结果

7.3.3 RCS 缩减机制

为了理解 RCS 缩减的物理机制,在仿真实验中对超表面单元的极化转换性能及反射率特性进行了分析,以验证超表面单元的物理特性。使用 Floquet-port 模型,采用 Ansoft 的 HFSS 来分析基于双金属贴片 AMC 的超表面的反射特性。横电波(TE)和横磁波(TM)均表现出线极化特性,但它们是相互正交的。如图 7.27(a)所示,当一个横磁波入射到该结构表面时,在 x 方向上的电场被单元结构反射,反射波中具有横磁波和横电波这两种成分的极化波。由于入射角等于 0°,因此在反射波成分中的横电波与横磁波几乎幅度相等,但相位相差 90°。从图 7.27(b)中可以看出,在带宽为 5~9.5 GHz 之间时,$\Gamma_{\mathrm{TM/TM}}$ 小于 -10 dB,而 $\Gamma_{\mathrm{TE/TM}}$ 接近 0 dB。这表明所设计的超表面具有在较宽的频带范围内将 x 极化入射波转换为其正交方向的能力。与没有超表面的缝隙天线相比,所给出的天线的 RCS 沿着 x 轴显著减小,如图 7.28 所示。值得注意的是,所给出的天线在 5.25~6.8 GHz 的宽频带内 RCS 平均降低了 20 dB,这也正好覆盖了该平面结构的极化转换带宽,从而验证了该结构的极化转换特性。

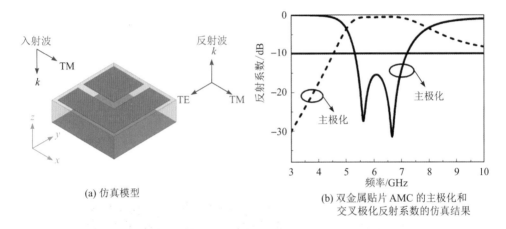

(a) 仿真模型

(b) 双金属贴片 AMC 的主极化和
交叉极化反射系数的仿真结果

图 7.27 仿真模型及结果

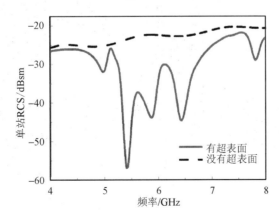

图 7.28 在平行于 x 轴的正常入射波下所给出的天线的仿真 RCS 与
没有超表面的缝隙天线的仿真 RCS 的比较

图 7.29 显示了 3 dB 轴比的角域范围, 其中在 5.6 和 6.2 GHz 的采样频率下已经展现出较大的 3 dB 轴比波束。可以看出, 所给出的天线在 xOz 平面上的 3 dB 轴比角域宽度的仿真结果为: 在 5.6 GHz 和 6.2 GHz 时分别为 $200°(-135° \sim 75°)$ 和 $105°(-30° \sim 45°$ 和 $90° \sim 120°)$。在这两个频率下的 yOz 平面中, 相应的角域宽度分别为 $120°(-60° \sim 60°)$ 和 $105°(-30° \sim 75°)$。

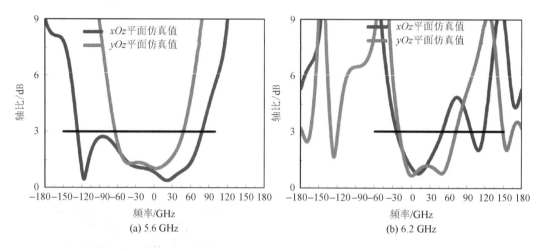

(a) 5.6 GHz

(b) 6.2 GHz

图 7.29　在 xOz 和 yOz 平面中轴比随角度变化时的仿真结果

7.3.4　仿真与测试结果

对天线加工并测试, 微波暗室测试环境如图 7.30 所示。图 7.31 至图 7.33 给出了天线的测试结果, 其中, -10 dB 阻抗带宽为 2.25 GHz(4.15 $\sim$ 6.4 GHz), 3 dB 轴比带宽为 1.05 GHz(4.8 $\sim$ 6.25 GHz), 与仿真结果吻合良好。

图 7.30　微波暗室测试环境

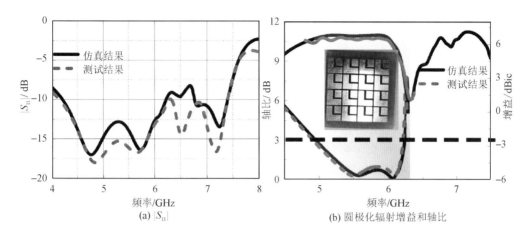

(a) $|S_{11}|$

(b) 圆极化辐射增益和轴比

图 7.31　天线的仿真和测试结果

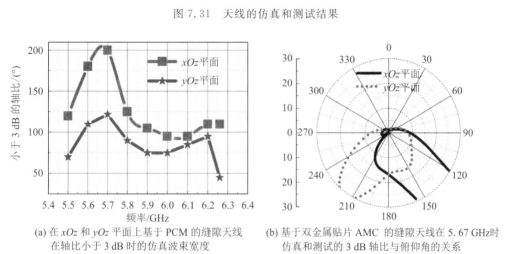

(a) 在 xOz 和 yOz 平面上基于 PCM 的缝隙天线
在轴比小于 3 dB 时的仿真波束宽度

(b) 基于双金属贴片 AMC 的缝隙天线在 5.67 GHz 时
仿真和测试的 3 dB 轴比与俯仰角的关系

图 7.32　天线的仿真和测试结果

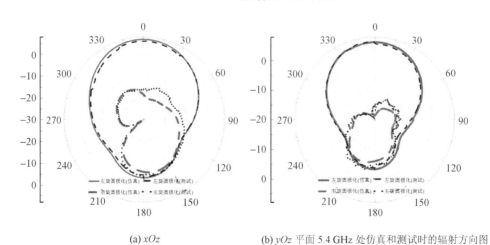

(a) xOz

(b) yOz 平面 5.4 GHz 处仿真和测试时的辐射方向图

图 7.33　天线的仿真和测试结果

本 章 小 结

本章研究了 PCM 覆层缝隙天线及基于 PCRS 的宽带圆极化天线，分别给出了三款基于 PCM 反射特性与透射特性的低轴比、宽带及宽波束圆极化天线。首先，给出了一款基于反射型 PCM 的单极子宽带低轴比圆极化天线，通过对 PCM 的反射特性分析可知，它具有较宽的 PR 带宽及 -30 dB 以下的交叉极化深度，测得的阻抗带宽为 1.8 GHz(5.4～9.2 GHz)，3 dB 轴比带宽为 1.1 GHz(5.55～6.65 GHz)，在绝大部分频段内轴比在 1 dB 以下。然后给出了一款双金属贴片 PCM 结构的 PCRS 单极子天线，对它的反射特性进行仿真分析后合理调整阵列排布，实现了阻抗带宽为 28.57%(4.8～6.4 GHz)，3 dB 轴比带宽为 21.83%(5.1～6.35 GHz)，峰值增益为 6.7 dBic。另外，在圆极化带宽内可以实现较大的 3 dB 轴比波束宽度，它的最大值在 xOz 平面和 yOz 平面分别可以达到 175°和 128°。最后给出了一款双金属贴片 PCM 结构，并将其作为缝隙天线的覆层(中间无空气层)，可以实现宽角域 3 dB 轴比波束并具有低 RCS 散射特性。

第 8 章　基于棋盘型极化转换超表面的低 RCS 高增益圆极化天线

具有低雷达散射截面的圆极化天线可减轻接收和发射天线之间的极化失配损耗，因而其在若干隐形平台上的应用最近越来越受到人们的关注。

本章给出了基于棋盘型极化转换超表面（Chessboard Polarization Conversion Metasurface，CPCM）的高增益、宽带、低雷达散射截面（RCS）的圆极化天线。该天线采用基于三层新型人工电磁材料构建的新型平面极化转换超表面结构来实现极化转换，将该极化转换超表面结构作为覆层应用到贴片阵列天线中，通过采用 Fabry-Pérot 谐振腔来提高增益，并通过更优的极化纯度来拓宽轴比带宽。

8.1　Fabry-Pérot 谐振腔覆层设计的理论基础

8.1.1　线-圆极化转换原理

如图 8.1 所示，线-圆极化转换器为各向异性介质，当极化转换器表面被电场矢量为 E^i 的电磁波垂直照射时，其极化方向与 x 轴和 y 轴均形成 45° 夹角。入射电场可以分解为水平极化分量 E_x^i 和垂直极化分量 E_y^i。由于极化转换器对这两种极化分量的频率响应不同，而在透过极化转换器时水平极化分量和垂直极化分量的传输系数的幅值相等且接近于 1（理想

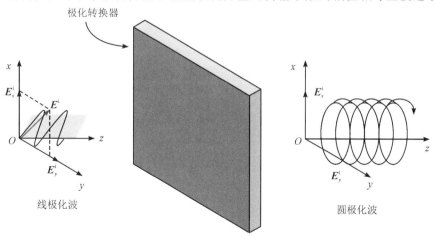

图 8.1　线-圆极化转换器的工作原理示意图

情况下），即透射过程中几乎无能量损耗，两正交的传输分量会产生相移特性，相位超前或滞后 $90°$，因此透射波在另一端的极化特性为圆极化。$\boldsymbol{E}_x^t$ 和 $\boldsymbol{E}_y^t$ 分别表示入射波传输过程中的两正交分量，以下公式可以表达它们与 $\boldsymbol{E}_x^i$ 和 $\boldsymbol{E}_y^i$ 之间的关系：

$$\boldsymbol{E}_x^t = T_x \cdot \boldsymbol{E}_x^i \tag{8.1}$$

$$\boldsymbol{E}_y^t = T_y \cdot \boldsymbol{E}_y^i \tag{8.2}$$

其中，T_x 和 T_y 分别为两正交极化（x 极化和 y 极化）下通过极化转换器的传输系数：

$$T_x = |T_x| \, \mathrm{e}^{\mathrm{j}\varphi(T_x)}, \quad T_y = |T_y| \, \mathrm{e}^{\mathrm{j}\varphi(T_y)} \tag{8.3}$$

由于在传输过程中能量损耗可以忽略不计，因此式(8.1)和式(8.2)中的交叉系数（如 T_x 和 T_y）可以认为接近于零。T_x 和 T_y 必须满足以下条件才能在输出端辐射圆极化波：

$$|T_x| = |T_y| \tag{8.4}$$

$$\varphi(T_x) - \varphi(T_y) = \pm 90° \tag{8.5}$$

输出电磁波的极化旋转方向由式(8.5)决定，当 $\varphi(T_x) - \varphi(T_y) = \pm 90°$ 时分别得到左旋圆极化波和右旋圆极化波。线-圆极化转换器对于入射的 x 极化和 y 极化电磁波分别表现出不同的传输特性，因此该极化转换器必须由周期性非对称结构的新型人工电磁材料单元构成，并且透射的垂直极化分量和水平极化分量的幅度和相位能被独立调控。

轴比（AR）是根据传输系数在两正交方向的幅度和相位计算出来的，利用它可以更为清晰地表达圆极化转换特性，从而更好地指导线-圆极化转换器的设计。AR 的计算公式如下：

$$\mathrm{AR} = \left(\frac{|T_x|^2 + |T_y|^2 + \sqrt{|T_x|^4 + |T_y|^4 + 2|T_x|^2|T_y|^2 \cos(2\Delta\varphi)}}{|T_x|^2 + |T_y|^2 - \sqrt{|T_x|^4 + |T_y|^4 + 2|T_x|^2|T_y|^2 \cos(2\Delta\varphi)}} \right)^{1/2} \tag{8.6}$$

8.1.2 谐振腔模型分析

1. Fabry-Pérot 谐振腔的工作原理

图 8.2 所示为两块相互平行的反射板组成的 Fabry-Pérot 谐振腔。ε_r 为反射板间介质的相对介电常数，s 为两反射基板之间的距离，θ 为入射波的角度。反射板的反射系数 ρ 和传输系数 τ 分别为

$$\rho_i^{-(+)}(\omega) = R_i^{-(+)}(\omega) \, \mathrm{e}^{\mathrm{j}\varphi_i^{-(+)}(\omega)} \tag{8.7}$$

$$\tau_i^{-(+)}(\omega) = T_i^{-(+)}(\omega) \, \mathrm{e}^{\mathrm{j}\theta_i^{-(+)}(\omega)} \tag{8.8}$$

其中，$R_i^{-(+)}$ 和 $T_i^{-(+)}$ 表示幅度，$\varphi_i^{-(+)}$ 和 $\theta_i^{-(+)}$ 表示相位，两个反射板分别用编号 i（1 或 2）表示，$+(-)$ 为波沿 z 轴的传播方向。

谐振腔的传输系数为

$$\tau = \frac{b^+}{b^-} = \frac{\tau_1^- \tau_2^- \mathrm{e}^{-\mathrm{j}\beta s}}{1 - \rho_1^- \rho_2^+ \mathrm{e}^{-2\mathrm{j}\beta s}} \tag{8.9}$$

其中：

$$\beta = \frac{2\pi}{\lambda} \sqrt{\varepsilon_r - \sin^2\theta} \tag{8.10}$$

则功率传输系数 t 可以表示为

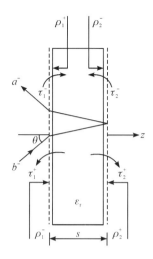

$$图 8.2\quad \text{Fabry-Pérot 谐振腔模型图}$$

$$t = \tau\tau^* = \frac{(T_1^- T_2^-)^2}{1 - 2R_1^+ R_2^- \cos\phi + (R_1^+ R_2^-)^2} \tag{8.11}$$

其中：

$$\phi = 2\beta s - \varphi_1^+(\omega) - \varphi_2^+(\omega) \tag{8.12}$$

若谐振腔结构没有损耗，则根据能量守恒定律可得

$$(R_{1(2)}^{-(+)})^2 + \frac{\eta}{\eta_0}(T_{1(2)}^{-(+)})^2 = 1 \tag{8.13}$$

$$(R_{1(2)}^{-(+)})^2 + \frac{\eta_0}{\eta}(T_{1(2)}^{+(-)})^2 = 1 \tag{8.14}$$

因为 $R_{1(2)}^- = R_{1(2)}^+$，所以传输系数满足以下关系：

$$(T_{1(2)}^{-(+)})^2 = \left[\frac{\eta_0}{\eta}(T_{1(2)}^{+(-)})\right]^2 \tag{8.15}$$

将式(8.15)代入式(8.11)可得

$$t = \left(\frac{\eta_0}{\eta}\right)^2 \frac{(T_1^+ T_2^-)^2}{1 - 2R_1^+ R_2^- \cos\phi + (R_1^+ R_2^-)^2} \tag{8.16}$$

若左右两反射基板完全相同，则可令 $R_1^+ = R_2^- = R$，$T_1^+ = T_2^- = T$，那么式(8.16)可以简化为

$$t = \left(\frac{\eta_0}{\eta}\right)^2 \frac{T^4}{1 - 2R^2 \cos\phi + R^2} \tag{8.17}$$

谐振腔谐振的条件是功率的传输系数达到最大，此时 $\cos\phi = 1$。谐振条件可以表示为

$$\phi = 2\beta s - \varphi_1^+(\omega) - \varphi_2^-(\omega) = 2N\pi \quad (N = 0, \pm 1, \pm 2, \cdots) \tag{8.18}$$

此时谐振腔的功率传输系数达到最大，为 1。若想入射波全透射，则谐振腔要处于谐振状态。Fabry-Pérot 谐振腔可等效成带通滤波器，品质因数 Q 为

$$Q = \frac{f_0}{\Delta f_{-3\,\text{dB}}} \tag{8.19}$$

其中，f_0 为谐振腔的谐振频率，$\Delta f_{-3\,\text{dB}}$ 为半功率传输时的带宽。随着反射板的反射率的减

小,其半功率传输时的带宽变宽,导致谐振腔的品质因数变小。当谐振腔处于谐振状态时,入射波在两反射板之间不断反射和透射,透射出腔体的电磁波的相同相位互相叠加,辐射能力不断增强,使得电磁波全部透射出去。

2. Fabry-Pérot 谐振腔天线的工作原理

Fabry-Pérot 谐振腔因为其频率选择特性,在光学领域得到了广泛应用。在Fabry-Pérot谐振腔中,电磁波会双向辐射,这是由谐振腔的结构决定的,因为其由两个互相平行的反射板组成。在谐振腔内部放置馈源天线可以提高天线的增益。若要使得谐振腔高度降到原来的一半并且实现单向辐射,则需要利用相对于地板对称的镜像来代替其中一个反射板。天线及其上方具有部分反射特性的 PRS 以及地板组成了 Fabry-Pérot 谐振腔天线。谐振腔天线产生的电磁波在地板与 PRS 之间产生多次反射和透射,并且由中间扩展到边缘部分,从而增加了天线的辐射口径。当 PRS 与地板之间满足谐振条件时,透射过 PRS 的电磁波产生同相叠加,从而提高了天线的增益。

在理想模型中,地板和 PRS 相对于天线来说具有无限大的尺寸,所以可以将天线在模型中看作一个点源。

图 8.3 为 Fabry-Pérot 谐振腔天线结构示意图,馈源天线向外辐射角度为 α 的电磁波。若 PRS 与地板之间的距离为 h,天线的方向图为 $f(\alpha)$,幅度为 E_0,那么其反射系数 $\Gamma_1 = r \cdot \exp(\varphi_1)$,地板的反射系数 $\Gamma_2 = r \cdot \exp(\varphi_2)$。可以求得波束 0 的幅度为 $E_0\sqrt{1-r^2}$,波束 1 的幅度为 $E_0 r\sqrt{1-r^2}$,波束 2 的幅度为 $E_0 r^2\sqrt{1-r^2}$,从而可以得知波束 n 的幅度为 $E_0 r^n\sqrt{1-r^2}$,则谐振腔天线的电场 E 为

$$E = \sum_{n=0}^{\infty} f(\alpha)E_0 r^n \sqrt{1-r^2}\, \mathrm{e}^{j\theta_n} \tag{8.20}$$

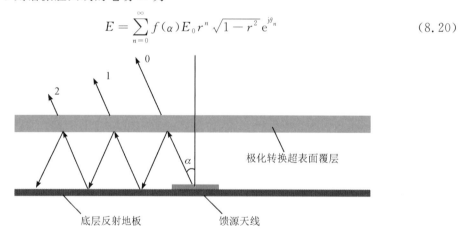

图 8.3　Fabry-Pérot 谐振腔天线结构示意图

要使得两透射的电磁波同相叠加,则波程差应为 2π 的整数倍。因此式(8.20)中表示相位变化的 θ_n 应是 2π 的倍数。

波束 0 和波束 1 的相位差为

$$\theta_1 = \frac{2\pi}{\lambda}2h\tan\alpha\sin\alpha - \frac{2\pi}{\lambda}\frac{2h}{\cos\alpha} + \varphi_1 - \varphi_2 = \Phi \tag{8.21}$$

波束 0 与波束 2 的相位差为

$$\theta_2 = \frac{2\pi}{\lambda} 4h \tan\alpha \sin\alpha - \frac{2\pi}{\lambda} \frac{4h}{\cos\alpha} + 2\varphi_1 - 2\varphi_2 = 2\varPhi \qquad (8.22)$$

所以,波束 0 与波束 n 的相位差为

$$\theta_n = \frac{2\pi}{\lambda} 2nh \tan\alpha \sin\alpha - \frac{2\pi}{\lambda} \frac{2nh}{\cos\alpha} + n\varphi_1 - n\varphi_2 = n\varPhi \qquad (8.23)$$

因为反射率 $r < 1$,则

$$\sum_{n=0}^{\infty} (r e^{j\varphi})^n = \frac{1}{1 - r e^{j\varphi}} \qquad (8.24)$$

将式(8.24)代入式(8.20)得出电场 E 的绝对值为

$$|E| = |E_0| f(\alpha) \sqrt{\frac{1 - r^2}{1 + r^2 - 2r\cos\varPhi}} \qquad (8.25)$$

天线的功率函数为

$$S = \frac{1 - r^2}{1 + r^2 - 2r\cos\left(\varphi_1 - \varphi_2 - \frac{4\pi}{\lambda} h \cos\alpha\right)} f^2(\alpha) \qquad (8.26)$$

所以当满足以下条件时天线功率将达到最大:

$$\varphi_1 - \varphi_2 - \frac{4\pi}{\lambda} h \cos\alpha = 2N\pi \quad (N = 0, \pm 1, \pm 2, \cdots) \qquad (8.27)$$

因为反射系数的幅度 r 和相位 φ 都是角度 α 的函数,所以当天线的增益达到最大时, $\alpha = 0°$ 并且满足:

$$h = \left(\frac{\varphi_1 - \varphi_2}{\pi}\right) \frac{\lambda}{4} - N \frac{\lambda}{2} \quad (N = 0, \pm 1, \pm 2, \cdots) \qquad (8.28)$$

通常当地板反射相位 φ_2 的取值为 π 时,天线呈现全反射特性。将 $\varphi_2 = \pi$ 代入式 (8.25),进行归一化并推算方向系数,可得方向系数的近似值为

$$D = \frac{1 - r}{1 + r} \qquad (8.29)$$

3 dB 增益带宽为

$$BW = \frac{\lambda}{2\pi h} \frac{1 - r}{\sqrt{r}} \qquad (8.30)$$

由式(8.29)和式(8.30)可知,天线增益与 PRS 的反射系数的幅度 r 成正比关系,而 3 dB 增益带宽 BW 与其成反比。因此想要获得具有理想辐射特性的谐振腔的 PRS 结构,需同时考虑天线的增益和带宽。

谐振腔天线的最小半功率波瓣宽度 $\Delta\theta_{3\,dB,\,min}$ 为

$$\Delta\theta_{3\,dB,\,min} \approx \sqrt{\frac{2}{Q}} \qquad (8.31)$$

Q 与 PRS 的反射幅度 r 和相位 φ 有关:

$$\frac{1}{Q} \approx 2 \frac{1 - r}{\varphi\sqrt{r}} \qquad (8.32)$$

要设计出好的线极化高增益天线,Fabry-Pérot 谐振腔需要满足以上条件。

然而,设计圆极化高增益天线更为复杂。由前面内容可以知道,使用各向异性的 PRS

作为顶层反射覆层，通过控制其在 x 轴和 y 轴方向上的反射系数和传输系数的幅度和相位来实现线极化波向圆极化波的转换。当满足式（8.4）和式（8.5）时，馈源天线辐射的线极化波的两个正交分量的传输系数有不同的相移，且幅度相等，相位差为 $90°$，使得线极化波转换为圆极化波。因为 PRS 在两个正交方向上具有不同的反射特性，所以为了实现在 x 方向和 y 方向上的同相叠加，馈源天线需要在两个方向上具有相同的反射相位特性，这样才能满足 Fabry-Pérot 谐振腔高增益辐射的要求。综上所述，设计高增益圆极化天线，应满足以下条件：

$$\varphi(\text{PRS}) + \varphi_g - \frac{4\pi h}{\lambda} = 2N\pi \quad (N = 0, \pm 1, \pm 2, \cdots) \tag{8.33}$$

式中，φ_g 为地面反射相位。

8.2 天线结构和分析

8.2.1 参考贴片天线和 CPCM 覆层天线阵列结构

图 8.4 为基于 AMC 的贴片馈电结构和平面极化转换结构。极化转换超表面由三层组成。底层和顶层均由 4×4 的阵列组成，阵列采用准 L 形超表面单元，周期为 W，分别印制在 FB4 基板（$\tan\delta = 0.002$，$\varepsilon_r = 2.65$）的底部和顶部。中间层带有一个金属方环，馈电部分采用传统的贴片天线将能量耦合到极化转换超表面结构中。馈电层和极化转换超表面之间由 Fabry-Pérot 谐振腔隔开，通过 Fabry-Pérot 谐振的影响来提高增益。

图 8.4(c) 所示的阵列天线是按照极化转换超表面的棋盘型结构组成的。因此，来自相邻极化转换超表面的反射波将产生相位相消，形成低雷达散射截面。

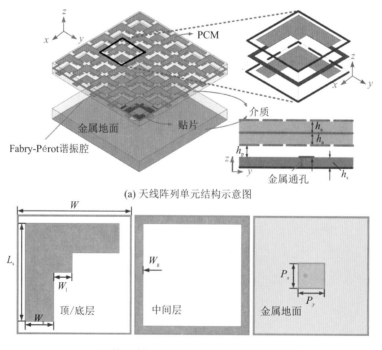

(a) 天线阵列单元结构示意图

(b) 单元结构俯视图及辐射贴片源天线俯视图

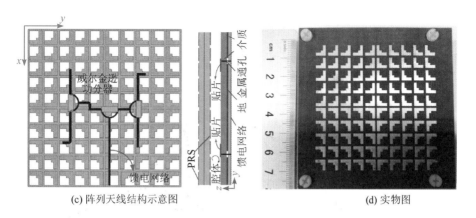

(c) 阵列天线结构示意图　　　　　　　　　　(d) 实物图

图 8.4　天线阵列结构

图 8.4 中，$P_y = 7.5$ mm，$P_x = 6.1$ mm，$W = 6$ mm，$h_s = 3$ mm，$W_a = 0.4$ mm，$h_a = 1.524$ mm，$W_1 = 1$ mm，$W_g = 0.5$ mm，$W_s = 1.5$ mm，$L_s = 5$ mm，$h_p = 5.8$ mm。

8.2.2　圆极化辐射特性的分析

当线极化波透过极化转换超表面时，需要满足两个先决条件才能产生圆极化波。首先，水平极化（x 极化）的透射系数 S_{12} 和交叉极化（y 极化）的透射系数 S_{12} 之间的相位差在 8～10 GHz 之间应约为 90°，如图 8.5（b）所示。其次，它们的幅度差异应不大于 3 dB，如图 8.5(a) 所示。从图 8.5 中可以明显看出，x 极化和 y 极化的传输系数 S_{12} 在 9～11.5 GHz 频段范围内的幅度值差异小于 3 dB，且相位差保持在 90°±10°之间，因此该 PCM 满足圆极化辐射的要求。也就是说，当贴片馈源天线辐射的线极化波透过 PCM 覆层时，可以转换为圆极化波。

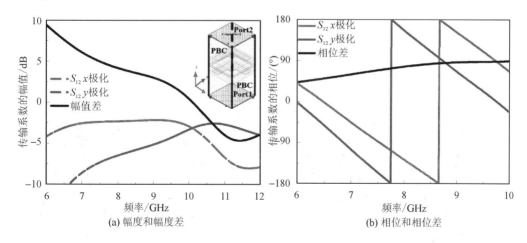

(a) 幅度和幅度差　　　　　　　　　　　(b) 相位和相位差

图 8.5　x、y 极化的传输系数 S_{12}（主极化以及交叉极化的传输系数）

经仿真优化后，从贴片馈源天线到极化转换超表面的距离 H 为 5.8 mm。图 8.6 显示了贴片馈源天线在加载或未加载极化转换超表面覆层时轴比、增益及反射系数与频率的关系比较。值得注意的是，加载极化转换超表面覆层的贴片馈源天线的轴比在 9～11.5 GHz 之间低于 3 dB。仿真结果表明，极化转换超表面能够将线极化波转换为右旋圆极化波，加载该 PCM 覆层时可以实现良好的圆极化辐射特性。此外，与不加载极化转换超表面覆层的贴片天线的线极化增益相比，加载极化转换超表面覆层的贴片天线在 9.5～12 GHz 的阻抗带宽中产生的增益更高。图8.6 仅对单元结构进行了仿真。从图 8.6 中可以清楚地看到，加载覆层的极化转换超表面实现了带宽和增益的改善。

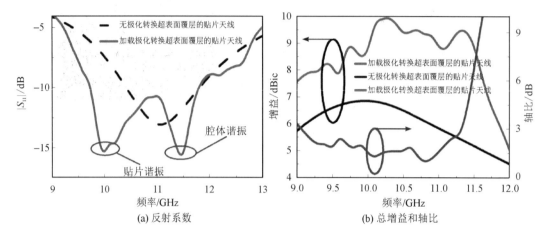

(a) 反射系数   (b) 总增益和轴比

图 8.6 加载与未加载新型 PCM 覆层的贴片天线的仿真结果

由图 8.6(a) 所示的曲线可以看出，PCM 覆层天线有两种不同类型的相互独立的谐振模式：第一个谐振模式是辐射贴片源天线引起的，它的谐振深度是由辐射贴片尺寸决定的；第二个谐振模式是由腔体谐振产生的，它受 Fabry-Pérot 谐振腔体高度的影响。由此可以看出，通过合理调节两种谐振模式可以显著改善和提高天线的阻抗匹配带宽。图 8.7 为 PCM 覆层天线随 Fabry-Pérot 谐振腔高度变化的仿真结果。可以看出，在腔体谐振模式下，随着腔体高度从 5.6 mm 变化到 6 mm，谐振频率逐渐向低频段偏移。然而，在辐射贴片谐振模式下，谐振频率基本保持不变，这也从侧面印证了高频点谐振是由腔体谐振引起的。图 8.7 中还给出了增益与轴比在不同的谐振高度下随频率响应的数值曲线图。可以看出，随着高度的变化，增益与轴比性能也受到影响，在 $h_{\mathrm{p}} = 5.8$ mm 时，3 dB 轴比与增益带宽达到最佳。

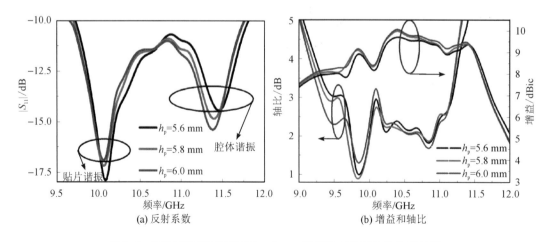

(a) 反射系数   (b) 增益和轴比

图 8.7 PCM 覆层天线随 Fabry-Pérot 谐振腔高度变化的仿真结果

8.2.3　高增益特性分析

包含极化转换超表面覆层的圆极化天线通过 Fabry-Pérot 谐振可实现增益增强。根据文献[35]中的设计原理,圆极化 Fabry-Pérot 腔的谐振条件应满足 y 极化分量和 x 极化分量的谐振要求。极化转换超表面在 x 和 y 方向的反射系数应当相似,以满足相同的谐振情况。另外,谐振腔高度(H)可以通过下式进行计算:

$$H = \frac{c}{f}\left(\frac{\varPhi_{1x} + \varPhi_{2x} + 2n\pi}{4\pi}\right)$$
$$= \frac{c}{f_0}\left(\frac{\varPhi_{1y} + \varPhi_{2y} + 2n\pi}{4\pi}\right) \tag{8.34}$$

式中,c 是真空中的光速,n 为整数($n=0,1,2,\cdots$),$\varPhi_{1x}$ 和 $\varPhi_{1y}$ 分别是 x 和 y 方向上的天线接地平面的反射系数的相位,$\varPhi_{2x}$ 和 $\varPhi_{2y}$ 是极化转换超表面在相应方向上的相位。

假设两个极化的 n 具有相同的值,则式(8.34)表明:

$$\varPhi_{1x} + \varPhi_{2x} = \varPhi_{1y} + \varPhi_{2y} \tag{8.35}$$

这意味着反射系数的相位的总和必须在两个方向上相等以满足相同的谐振情况。此外,天线接地平面在 x 和 y 方向上的反射系数的相位等于 π,即 $\varPhi_{1x}=\varPhi_{1y}=\pi$。因此,如果期望通过采用 Fabry-Pérot 谐振腔来实现高增益圆极化天线,则 $\varPhi_{2x}$ 应该等于 $\varPhi_{2y}$。

图 8.8 为极化转换超表面仿真的反射系数的幅度和相位。从图 8.8 中可以明显看出,在 x 和 y 方向上的反射系数的幅度和相位具有相同的曲线,因此可以满足谐振要求,并且可以通过类似于以 $+45°$ 的对角线为轴的对称结构来解释。因此在本章的设计中采用了准 L 形结构,它关于对角线对称,在 x 和 y 方向上的反射系数的幅度是一致的,可以满足 Fabry-Pérot 谐振腔的谐振要求。

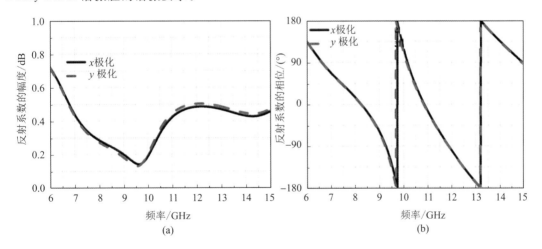

图 8.8　极化转换超表面在 x 和 y 方向上的反射系数

反射系数的幅度和相位具有相同的曲线说明本节给出的极化转换超表面满足 Fabry-Pérot 谐振腔的生成条件,能够构建谐振圆极化 Fabry-Pérot 谐振腔。

8.2.4 RCS 缩减特性分析

1. PCM 单元的反射特性

下面首先研究 PCM 单元的反射特性。将金属 PEC 接地平面放置于 PCM 正下方来仿真极化转换超表面单元的反射特性。优化后的 PEC 和 PCM 单元间距为 5.8 mm。图 8.9 为在无限周期 Floquet 边界条件下 PCM 单元被 PEC 接地平面反射时的交叉极化和主极化反射系数。可以看出，反射波在交叉极化方向上占据主要部分，而在主极化方向上小于 −10 dB 频带(在 12～13 GHz 频段除外)范围内失去了主导优势。也就是说，大部分电磁波反射时被有效地转换到交叉极化方向上。从图 8.9 中可以看出，在 8.2 GHz、9.1 GHz、10.2 GHz、14.1 GHz 频点处，几乎所有的反射波能量都被转换到它对应的交叉极化方向上了。

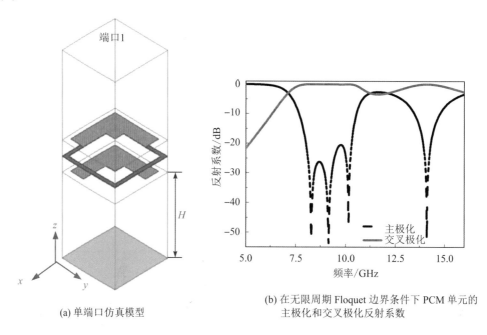

(a) 单端口仿真模型

(b) 在无限周期 Floquet 边界条件下 PCM 单元的主极化和交叉极化反射系数

图 8.9 在无限周期 Floquet 边界条件下 PCM 单元被 PEC 接地平面反射时的交叉极化和同极化反射系数

2. PCM 材料极化转换原理

由图 8.10 可以看出，PCM 单元结构是由倒 L 形谐振器及矩形谐振器组合而成的，它们分别在入射电场相互正交方向($-u$ 方向和 v 方向)上的电场照射下产生对称和反对称的谐振。

由图 8.10(a)可见，当入射电场 E^i 沿 x 方向入射到该 PCM 阵列表面时，可以沿 u 方向和 v 方向将入射电场 E^i 分解为垂直电场分量 E_u^i 和水平电场分量 E_v^i，在 v 方向激励电谐振，可以等效成 PEC，因此水平电场分量 E_v^i 经反射后相位会发生 180°的突变。也就是说，E_v^r 与 E_v^i 的相位相差 180°。另一方面，在 u 方向上激励磁谐振，可以等效成 PMC，这样垂

直电场分量 $\boldsymbol{E}_u^i$ 与反射电场的垂直分量 $\boldsymbol{E}_u^r$ 的相位保持不变。反射后的水平电场分量 $\boldsymbol{E}_v^r$ 和垂直电场分量 $\boldsymbol{E}_u^r$ 经矢量合成后的方向与原入射电场方向垂直。也就是说，入射电场方向经反射后发生了旋转，由原来的 x 方向经垂直照射、反射后转换到 y 方向了。

同理，由图 8.10(b)可见，当入射电场 $\boldsymbol{E}^i$ 沿 x 方向垂直入射到图 8.10(a)的镜像阵列时，反射波方向为 y 方向，但是由于图(a)与图(b)镜像对称，因此反射波幅度相等，相位会与图(a)相差 180°。

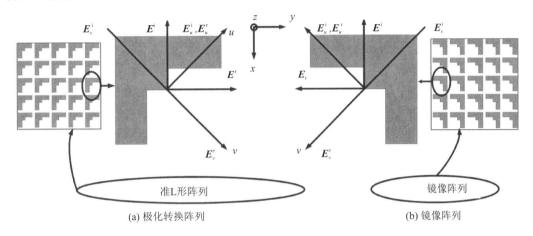

(a) 极化转换阵列　　　　　　　　　　　(b) 镜像阵列

图 8.10　入射电场沿 x 方向入射到极化转换阵列及其镜像阵列时的等效反射电场分析示意简图

图 8.11 所示的 CPCM 覆层天线阵列由四部分组成，Part Ⅰ、Part Ⅱ、Part Ⅲ 和 Part Ⅳ 互为镜像对称。根据 PCM 单元的反射特性的仿真分析和极化转换原理分析，在理想情况下，入射的电磁波垂直照射到 PCM 表面时反射波几乎可以完全转换到交叉极化方向上。但是实际上，在工作带宽内，反射波也存在主极化分量，只有部分反射波转换到交叉极化方向上，因此当入射电场垂直照射到 PCM 表面时，反射波中既有同极化分量 $\boldsymbol{E}_{\mathrm{r\_co}}$，也有交叉极化分量 $\boldsymbol{E}_{\mathrm{r\_cross}}$。

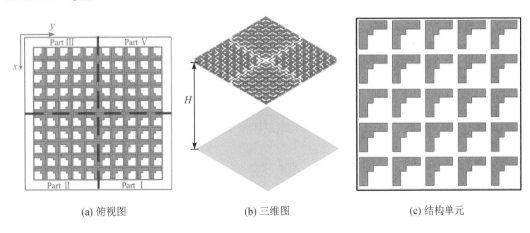

(a) 俯视图　　　　　　　(b) 三维图　　　　　　　(c) 结构单元

图 8.11　CPCM 结构

当入射电磁波垂直照射 PCM 阵列时，根据仿真的 PCM 反射特性，在 7~15 GHz 频带范围内实现了极化转换，因此沿 x 方向的入射波经该 PCM 阵列沿 y 方向反射。也就是说，当 x 极化的入射电磁波垂直照射到 Part I 和 Part III 时，反射波将发生极化转换，大部分反射波将转换到它的交叉极化方向上。同样，当相同极化的入射电磁波垂直照射到与之镜像对称的 Part II 和 Part IV 上时，反射波也将在 7～15 GHz 频带范围内发生极化转换。但是由于它们之间是镜像对称的，根据上述的原理分析，它们的反射波幅度相等，相位相差 180°，因此满足相位相消的条件。

通过上述分析可以得出结论，当辐射的电磁波以法线方向入射到 PCM 阵列及其镜像 PCM 阵列时，反射波的交叉极化分量会转换到其他方向，从而使得法线方向的反射电磁波的相位相互抵消，这样可以有效地减小沿法线方向的 RCS。

可见，极化转换超表面的棋盘型结构具有宽带、低雷达散射截面的特性，其降低雷达散射截面的能力取决于棋盘型极化转换超表面的反射特性。

由图 8.5(b)可见，将极化转换超表面放置在贴片天线上可以获得右旋圆极化辐射。同样，可以把极化转换超表面替换为其镜像表面来实现左旋圆极化辐射。考虑到棋盘型极化转换超表面的排列结构，其相应的极化转换超表面/镜像极化转换超表面排列结构下的所有天线因子不应通过同相激励馈电或以相同方向排列。如果两种极化转换超表面被具有方向一致的辐射贴片天线激励，则来自相邻极化转换超表面的右旋圆极化和左旋圆极化辐射波互相叠加，将产生四个栅瓣，并在视轴方向上产生增益下降的现象，这可以通过天线阵列理论来描述。

为了减弱此种干扰，本章选择右旋圆极化辐射贴片天线阵列(它基于顺序旋转的馈电网络来产生圆极化辐射)作为源天线。将顺序旋转并且可以激发四个正交右旋圆极化的馈电网络印刷在 1 mm 厚的基板底面上。相邻的金属贴片被馈电网络依次以等幅、相位相差 90°的辐射元激励。当线极化波通过极化转换超表面及其镜像极化转换超表面时，仅产生右旋圆极化波，因此在轴线方向上不存在增益降低的现象。通过采用这种源天线，可以实现良好的散射特性且不会影响辐射性能。

但是，因为用四个圆极化因子代替四个线极化因子实现了更高的极化纯度，所以具有棋盘型极化转换超表面的天线具有更宽的 3 dB 轴比带宽。此外，在工作频率下可以显著地提高右旋圆极化增益。考虑到散射特性，采用棋盘型极化转换超表面可以实现宽带、低雷达散射截面。由于棋盘型极化转换超表面具有对称结构，因此当 x 和 y 极化波入射时，该超表面对雷达散射截面的缩减效果基本相同。因此，在棋盘型极化转换超表面排列方式和辐射源的互补设计中散射特性以及辐射性能会保持一定的权衡。

8.3 参 数 扫 描

在设计过程中，需要对参数进行扫描，以优化 PCM 的透射特性，从而保证天线的宽带圆极化特性，且要满足 Fabry-Pérot 谐振腔的产生条件(以提高天线的增益)，优化 PCM 的反射特性(以保证宽带范围内天线的散射特性)，并在这两者之间找到最佳的平衡点，以取得最优的性能。通过多次优化参数发现，倒 L 形谐振器的长边 S_x 和短边 S_y 这两个参数对天线性能的影响明显，因此把它们作为敏感参数进行多次仿真分析。以下对敏感参数 S_x、S_y 在 PCM 透射特性、反射特性及 x 方向和 y 方向反射特性方面进行仿真分析，以优化天线的辐射性能和散射性能。

图 8.12(a)和(b)分别仿真了 S_x、S_y 对 PCM 传输性能的影响。首先，保持其他参数不变，改变 S_x、S_y，研究传输系统的同极化分量和交叉极化分量的幅度差和相位差的变化情况。从图 8.12 中可以看出，S_x 对传输系统的不同极化分量的幅度差及相位差的影响明显，当 S_x 从 4.8 mm 递增到 5.2 mm 时，幅度差曲线凹陷点向低频下沉，落入 ± 3 dB 区间的幅度差带宽在中间值达到峰值；$90° \pm 10°$ 相位差曲线的坡度随着参数值的增加呈现陡坡趋势，但是在 8～10 GHz 频段范围内变化不大，趋于稳定，$90° \pm 10°$ 相位差带宽性能在 5 mm 时最好。反观 S_y 变化对幅度差的影响，凹陷点逐渐下沉，但频点变化不大，相位差逐步变大，但在 1.7 mm 时急剧恶化，$90° \pm 10°$ 相位差曲线趋于稳定，坡度随 S_y 变化趋于平缓，因此 S_y 在 1.5 mm 时性能最佳。

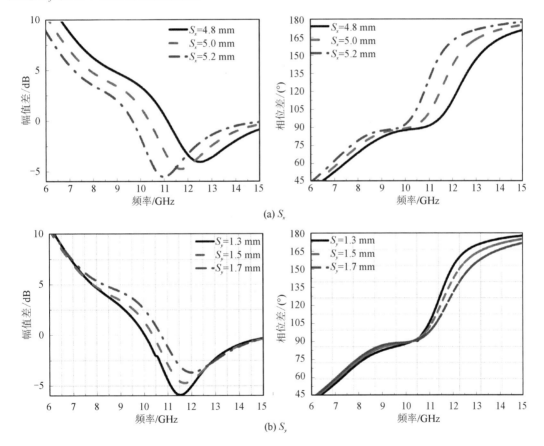

图 8.12　改变 S_x、S_y 时传输系统的同极化分量与交叉极化分量的幅度差及相位差

图 8.13 为改变 S_x、S_y 时 x 和 y 方向的不同反射系数的幅度与相位。由图 8.13 可以看出，S_x、S_y 变化时 x 和 y 方向的反射系数的幅度和相位曲线始终重合在一起，数值上保持相等。PCM 准 L 形结构的关于对角线方向的对称性保证了反射系数的幅度和相位在 x 方向和 y 方向上始终相等。这种特性也保证了 $\Phi_{2x} = \Phi_{2y}$，从而在整个频带内满足了 Fabry-Pérot 谐振要

求，保证了圆极化天线阵列的高增益特性。

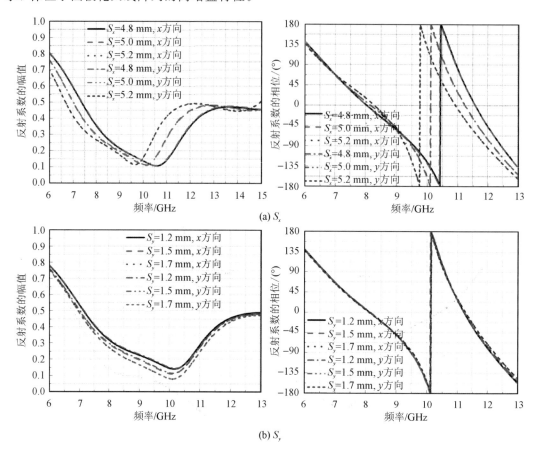

图 8.13 改变 S_x、S_y 时 x 和 y 方向的不同反射系数的幅度与相位

从图 8.13 中可以看出，当 S_x 由 4.8 mm 增大到 5.2 mm 时，反射系数的幅度曲线缓慢抬升，但在 8～11 GHz 频段范围内的幅度值均在 0.3 以下；同时，反射系数的相位曲线趋向高频移动；当 S_y 由 1.2 mm 变化到 1.7 mm 时，反射系数的幅度曲线缓慢下沉，总体维持稳定；反射系数的相位曲线则重合在一起，对参数变化不敏感，总体非常稳定。

图 8.14 为下方放置 PEC 地板的 PCM 在不同参数下的交叉极化与主极化的反射系数的幅度。从图中可以看出，随着 S_x 的增大，PCM 反射系数的交叉极化部分的带宽逐渐向低频移动而拓宽，并且谐振点凹陷深度不断下降，因而 PCM 的极化转换带宽增加，转换率提高。但是值得注意的是，当 $S_x=5.2$ mm 时，中间频段的凹陷深度显著回升，引起中间频带的转换性能明显变差。因此，最佳性能参数值设定为 5 mm。当 S_y 由 1.3 mm 变化到 1.7 mm 时，交叉极化的反射系数曲线的凹陷点不断增大到三个，然后回落到两个，9 GHz 附近的凹陷点逐渐消失，但是整体带宽保持稳定，维持不变。当谐振腔高度 h_p 从 4.1 mm 变化到 6.1 mm 时，最显著的变化在于凹陷点个数不变，但是曲线顶点趋于回升，而整体宽度略微扩展，因此权衡极化转换率和极化转换带宽，选择 5.1 mm 附近作为最佳值，最后经过数次优化仿真，将 h_p 设定为 5.8 mm。

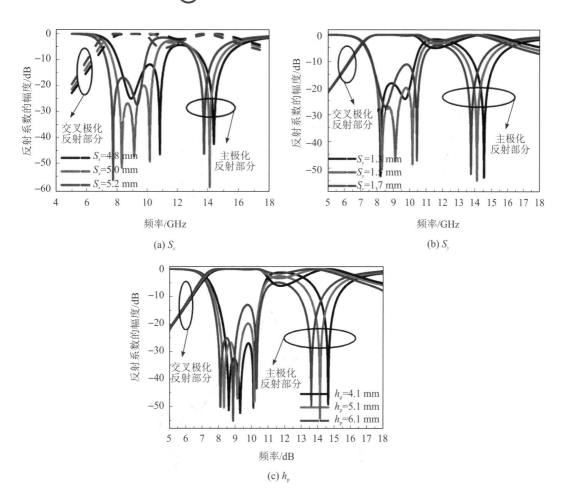

(a) S_x

(b) S_y

(c) h_p

图 8.14　下方放置 PEC 地板的 PCM 在不同参数下的交叉极化与主极化的反射系数的幅度

8.4　仿真与测试结果

8.4.1　天线的辐射性能

对天线进行加工测试，结果如图 8.15 所示。测得的 3 dB 轴比带宽为 3.5 GHz(9.5～13 GHz)，阻抗带宽为 3.3 GHz(9.5～12.8 GHz)，与极化转换频段相对应，并且与仿真结果达到了良好的一致性。由图 8.15(b)可见，在 3 dB 轴比带宽内＋z 轴上测量的峰值右旋圆极化辐射增益为 13.4 dBic(在 10.5 GHz 处获得)，比仿真结果有 0.5 dB 的衰减。图 8.16 给出了在该天线取得最大增益时的频点(10.5 GHz)处增益随角度变化的仿真和测试曲线图。由图 8.16 可以看出，仿真和测试结果基本吻合，副瓣电平保持在 4 dB 以下，抑制效果比较明显，天线指向性较强。图 8.17 分别给出了 10.5 GHz 处在 xOz 面和 yOz 面的辐射方向图。由图 8.17 可以看出，仿真和测试结果基本一致，所给出的天线在两个平面内的圆极化工作带宽内产生了良好的宽边右旋圆极化辐射特性，其具有－25 dB 以下的优异的交叉极化,展现了较好的圆极化辐射性能。

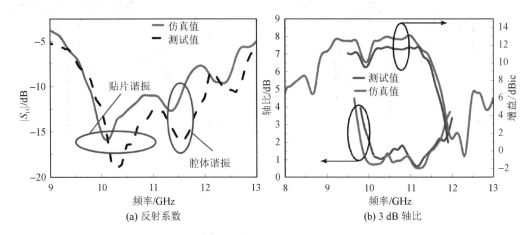

(a) 反射系数　　　　　　　　(b) 3 dB 轴比

图 8.15　基于 CPCM 覆层加载的阵列天线的仿真和测试结果

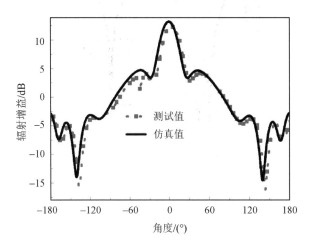

图 8.16　在 10.5 GHz 处天线的辐射模式图

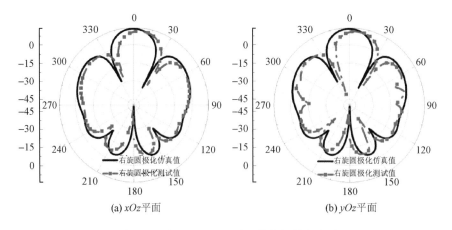

(a) xOz 平面　　　　　　　　(b) yOz 平面

图 8.17　在 10.5 GHz 处天线的辐射方向图

8.4.2　天线的散射性能

图 8.18 为在 10.5 GHz 处 TE 极化电磁波沿法线方向入射时的散射图。沿法线方向的散射场能量分别分布在四个栅瓣内，并且沿着四个方向（315°，26°）、（225°，26°）、（135°，26°）和（45°，26°）。

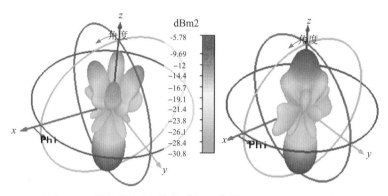

(a) 加载 CPCM 覆层的贴片天线阵列的 3D 散射图　　　(d) PEC 的散射图

图 8.18　在 10.5 GHz 处 TE 极化电磁波沿法线方向入射时的散射图

为了更好地了解 CPCM RCS 的减缩效果，研究人员仿真分析了当入射电磁波沿着法线方向照射时 CPCM 及相同大小的 PEC 表面的单站 RCS 缩减效果，结果如图 8.19 所示。从图 8.19 中的两条单站 RCS 随频率变化的对比关系可以明显看出，在 6～16 GHz 频段范围内，CPCM RCS 比 PEC 平均缩减了 7 dB，取得了良好的缩减效果，特别地，在8.2 GHz、9.1 GHz、10.2 GHz、14.1 GHz 达到了缩减峰值，这与上述对 PCM 的反射特性的仿真分析是一致的，与 PCM 反射特性仿真时的谐振点是一一对应的。这可以采用之前的理论进行解释：当在这四个频点处垂直入射的电磁波照射到 CPCM 表面时，几乎所有的反射波都转换到交叉极化方向上，同极化方向上的反射波很少。前面也对 PCM 的反射特性进行了物理分析，只有在交叉极化方向上才能实现 180°相位相互抵消，而同极化分量不满足相位相消

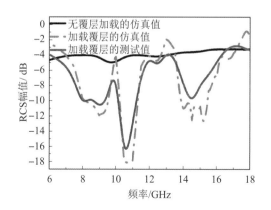

图 8.19　当法向入射的 x 极化电磁波照射 CPCM 表面时的 RCS
与相同大小 PEC 表面的单站 RCS 的对比图

的条件。也就是说，几乎所有的入射波都相互抵消，因此在这些频率点 RCS 缩减量达到了最大。从测试结果不难看出，测试结果与仿真结果基本吻合。

本 章 小 结

　　本章提出了一种极化转换超表面单元，该单元由三层金属涂覆和相邻无缝隙介质板构成，上下层金属涂层均为准 L 形，中间层为正方形方环。由于上下层均采用了准 L 形金属贴片对称结构，因而保证了 x 极化波和 y 极化波相同的响应特性。通过仿真分析可以发现，该单元可以实现宽带极化转换。基于高增益实现原理，该设计引入了 Fabry-Pérot 谐振腔，以实现多次反射和同相叠加，并可通过公式计算及仿真优化来确定空气腔的高度。同时，为了实现低 RCS 设计，该设计利用棋盘型布局来实现超表面覆层单元的散射相消。馈源部分采用矩形辐射贴片及同轴馈电的设计，并设计了基于顺序旋转技术的馈电网络。通过对整体超表面天线阵列的优化仿真发现，该天线实现了高增益、圆极化及低 RCS 的辐射和散射一体化设计。

第9章　小型化单频带阻频率选择表面

传统频率选择表面由于单元尺寸过大，在实际应用中受到限制。本章运用交指技术和金属化过孔加载技术，给出了两款小型化单频带阻频率选择表面。当极化方式和入射角不同时，这两款频率选择表面具有稳定的频率响应。本章还通过分析单元谐振时的表面电流分布，详细地介绍了频率选择表面的滤波机制，最后加工制作了两款频率选择表面实物并进行了测试。

9.1　基于交指技术的小型化单频带阻频率选择表面

交指技术是小型化频率选择表面设计中较为常见的一种方法。其原理是基于单元谐振机制，通过在单元空间紧密填充图形，并将图形延伸到邻近的单元空间中，从而实现增大图形电长度以缩减单元尺寸的目的。交指技术由于突破了自身单元空间的限制，利用了邻近单元的空间，因而在小型化频率选择表面上具有独特的优势。

9.1.1　频率选择表面结构模型的建立

十字形结构是传统频率选择表面较为常见的结构，具备较好的交叉极化和角度稳定性，不足之处是低频谐振时单元尺寸过大。为了缩减尺寸，首先根据单元谐振机制在单元内曲折旋绕四个臂以增大图形的电长度，之后按照交指技术的原理将四个臂的末端越过单元边界延伸到邻近单元中，通过不断的优化，最后得到的频率选择表面结构如图9.1所示。

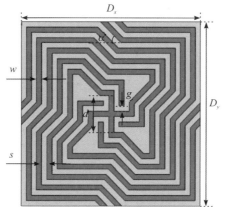

图9.1　基于交指技术的小型化频率选择表面单元结构

红色的部分代表金属贴片，蓝色的部分代表介质基底。介质基底选用厚度为 0.8 mm 的 FR4，介电常数为 4.3。其余参数分别为 $D_x = D_y = 7$ mm，$s = w = g = 0.2$ mm，$d = 1.4$ mm，$\alpha = 40°$。小型化频率选择表面的结构演变过程如图 9.2 所示，整个建模及优化过程在电磁仿真软件 CST Microwave Studio 中进行。

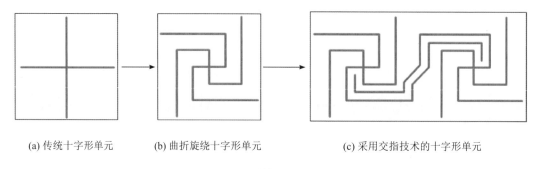

(a) 传统十字形单元   (b) 曲折旋绕十字形单元   (c) 采用交指技术的十字形单元

图 9.2　结构演变过程

9.1.2　频率选择表面的仿真结果及原理分析

对设计的基于交指技术的频率选择表面模型进行仿真，分别以 TE 极化和 TM 极化的平面波垂直入射，得到传输与反射系数曲线，如图 9.3 所示。中心频点为 1.19 GHz，−18 dB 带宽为 360 MHz。由于 TE 极化和 TM 极化下的传输与反射系数曲线一致，因此频率选择表面具有较好的极化稳定性。通过计算可得，小型化频率选择表面的单元尺寸为 $0.027\lambda \times 0.027\lambda$（$\lambda$ 代表自由空间中心频点所对应的工作波长）。为了展现结构性能的优越性，同时建模仿真了传统十字形频率选择表面和曲折旋绕十字形频率选择表面，传输系数曲线如图 9.4 所示，两者的单元物理尺寸与小型化频率选择表面的保持一致。从图 9.4 中可以观察到，传统十字形频率选择表面的中心频率为 13.6 GHz，曲折旋绕十字形频率选择表面的中心频率为 3.05 GHz。通过对比可得，小型化频率选择表面的单元尺寸较传统十字形频率选择表面缩减了 91.2%，较曲折旋绕十字形频率选择表面缩减了 60.9%。

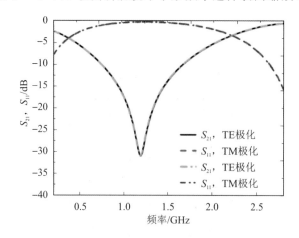

图 9.3　TE 波和 TM 波垂直入射时的传输与反射系数曲线图

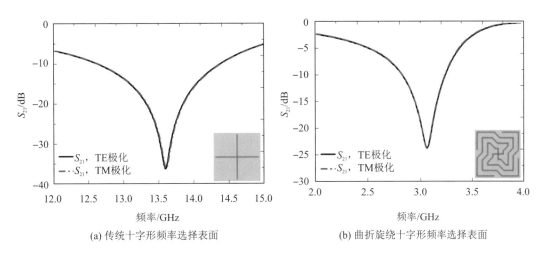

(a) 传统十字形频率选择表面　　　　　(b) 曲折旋绕十字形频率选择表面

图 9.4　传输系数曲线图

实际应用中，电磁波入射到频率选择表面上时常常带有一定的倾角。因此，在设计时必须考察不同极化波以不同角度入射时的频率选择表面的滤波表现。设置入射角分别为 0°、30°和 60°，得到 TE 极化波和 TM 极化波入射时的传输系数曲线，如图 9.5 所示。从图 9.5 中可以观察到，处于 TE 极化时，带宽随入射角增大而增大；处于 TM 极化时，带宽随入射角增大而减小。根据 Ben A. Munk[36] 的分析，工作带宽变化是由不同极化电磁波照射下等效阻抗不同所导致的。由于入射角发生改变时谐振频率基本不变，因此小型化频率选择表面具有较好的角度稳定性。

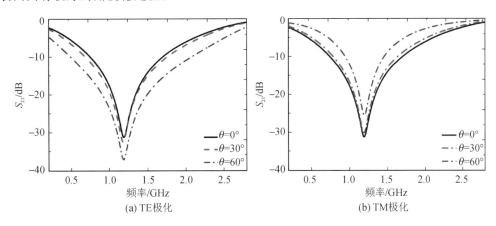

(a) TE 极化　　　　　　　　　　(b) TM 极化

图 9.5　不同角度入射时的传输系数曲线图

为了深入了解小型化频率选择表面谐振时的工作机制，以 TM 极化波为例，仿真得到了入射频率为 1.19 GHz 时的小型化频率选择表面及频率为 3.05 GHz 时的曲折旋绕十字形频率选择表面的表面电流分布，如图 9.6 所示。从图 9.6 中可以观察到，采用交指技术设计的小型化频率选择表面的表面电流沿着曲折金属贴片从所属单元流向了邻近的单元，而曲折旋绕十字形频率选择表面的表面电流仅在自身单元中流动。因此，与后者相比，前者在谐振频率处的表面电流路径更长。

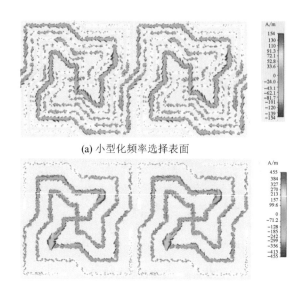

(a) 小型化频率选择表面

(b) 曲折旋绕十字形频率选择表面

图 9.6　表面电流分布图

根据等效电路原理，当频率选择表面表现为带阻滤波特性时，其传输特性可用 LC 串联谐振电路表示。曲折旋绕十字形频率选择表面的等效电路模型如图 9.7(a)所示，根据 LC 串联谐振电路原理可得其谐振频率 f 的表达式为

$$f = \frac{1}{2\pi\sqrt{LC}} \tag{9.1}$$

由于基于交指技术的小型化频率选择表面具有更长的表面电流路径，除去自身单元中的表面电流外，流到邻近单元中的电流可用等效电感 L_1 和电容 C_1 来表示，由此得到的等效电路模型如图 9.7(b)所示。同理可得其谐振频率 f_1 的表达式为

$$f_1 = \frac{1}{2\pi\sqrt{(L+L_1)(C+C_1)}} \tag{9.2}$$

通过对式(9.1)和式(9.2)可得 f_1 小于 f，因此，基于交指技术的小型化频率选择表面与曲折旋绕十字形频率选择表面相比具有更小的单元尺寸。

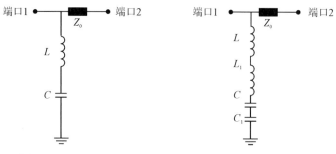

(a) 曲折旋绕十字形频率选择表面　　　　(b) 小型化频率选择表面

图 9.7　等效电路模型

假设基于交指技术的小型化频率选择表面结构中十字形贴片的臂长为 l，保持其他参

数不变,当 l 分别取 27.7 mm、26.7 mm、25.7 mm 和 24.7 mm 时,频率选择表面的传输系数曲线如图 9.8 所示。可以观察到,随着 l 的减小,频率选择表面的传输系数曲线的中心频率向高频移动。因此,通过改变十字形贴片的臂长 l 可以对中心频率进行调节。

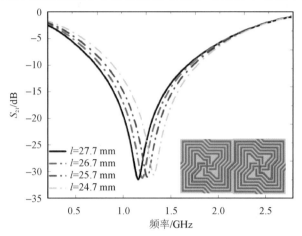

图 9.8 l 取值不同时的传输系数曲线对比图

9.1.3 加工与测试

加工制作的基于交指技术的小型化频率选择表面样品如图 9.9 所示,其物理尺寸为 210 mm×210 mm,共包含了 30×30 个周期单元,介质基底采用 0.8 mm 的 FR4,介电常数为 4.3。测试地点选在微波暗室。在实验过程中,两个喇叭天线各放置于样品一侧,分别距离样品 1.5 m 左右,一个作为发射信号天线,另一个作为接收信号天线。测试结果如图 9.10 所示,为了便于比较,全波仿真结果也呈现在图中。

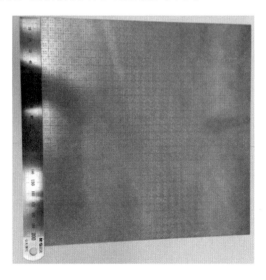

图 9.9 加工制作的频率选择表面样品

从图 9.10 中可以看出,测试曲线与仿真曲线基本吻合,在阻带频段内能有效反射电磁波而允许其余频段的电磁波正常通过。

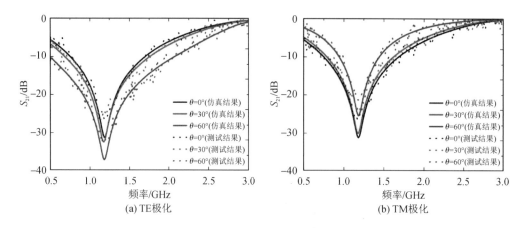

图 9.10　传输系数的测试与仿真结果对比图

9.2　基于 2.5 维结构的小型化单频带阻频率选择表面

无论是卷曲技术还是其进一步拓展出来的交指技术，其本质都是在自身单元及邻近单元中对图形进行紧密填充，从而增大图形的电长度以缩减单元尺寸。这类方法由于横向平面单元空间的限制，在实际应用中具有一定的局限性。此外，图形过于紧密也会对滤波特性造成不利影响。2.5 维结构自提出以来，引起了人们强烈的关注。通过加载金属化过孔，2.5 维结构从纵轴方向实现了增大图形电长度的目的。2.5 维结构还能与卷曲技术、交指技术等传统的小型化设计技术结合使用，因此具有较大的发展潜力。

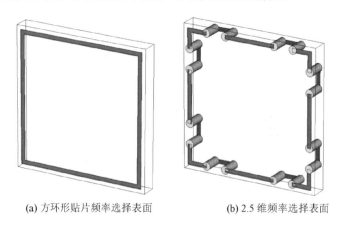

(a) 方环形贴片频率选择表面　　　(b) 2.5 维频率选择表面

图 9.11　频率选择表面单元结构

9.2.1　频率选择表面结构模型的建立

下面首先以传统方环形贴片频率选择表面为例（如图 9.11(a)所示）对 2.5 维结构作简要介绍。根据单元谐振机制可知，当方环形结构的周长约等于入射波工作波长的整数倍时，频率选择表面将会发生谐振。因此，设计的谐振频率越低，方环形贴片频率选择表面的单元尺寸越大。对方环形贴片频率选择表面加载金属化过孔，如图 9.11(b)所示，根据文献

[37]中介绍的，当介质基底厚度 h 远小于工作波长 λ 时，金属化过孔可以看作平面结构，此时等效于增加方环形结构的周长。加载金属化过孔的结构也称为 2.5 维结构。对方环形频率选择表面和 2.5 维频率选择表面进行仿真，以 TE 极化波入射，得到的传输系数曲线如图 9.12 所示。从图 9.12 中可以看出，与方环形频率选择表面相比，2.5 维频率选择表面具有更小的中心频率，因此加载金属化过孔能有效地减小单元尺寸。

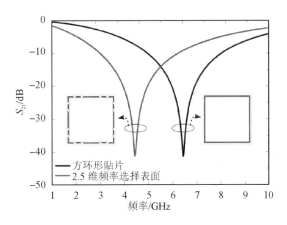

图 9.12 传输系数曲线对比图

9.1 节运用交指技术给出了一款尺寸为 $0.027\lambda \times 0.027\lambda$ 的小型化单频带阻频率选择表面。本节将以此小型化频率选择表面为基础进行改进设计。首先在介质正面十字形贴片的四个末端加载金属化过孔，然后在介质反面以金属化过孔为起点，按照正面的设计方式得到类似的图形结构，最后完成的单元模型如图 9.13 所示。图中红色部分代表单元正面的金属贴片，蓝色部分代表单元反面的金属贴片，黄色部分代表金属化过孔，介质基底同样选择 FR4。各参数已显示在图中，数值如下：$L=7$ mm，$l=1.8$ mm，$w=s=r=0.2$ mm，$d_1=0.48$ mm，$d_2=0.56$ mm，$c=0.1$ mm，$\alpha=40°$。

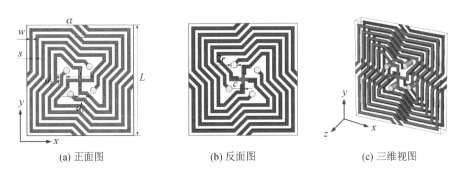

(a) 正面图   (b) 反面图   (c) 三维视图

图 9.13 2.5 维频率选择表面单元结构示意图

9.2.2 频率选择表面的仿真结果及原理分析

经全波电磁仿真后得到的频率响应如图 9.14 所示。从图 9.14 中可以看出，在电磁波垂直入射时，设计的 2.5 维频率选择表面的中心频率为 620 MHz，-18 dB 工作带宽为 140 MHz。结合单元的物理尺寸，得到频率选择表面单元的电尺寸仅为 $0.014\lambda \times 0.014\lambda$，与 9.1 节设计的小型化频率选择表面相比,尺寸缩减了近一半。

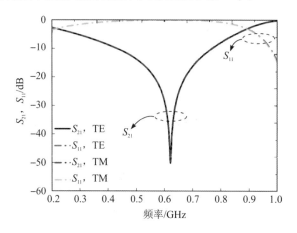

图 9.14 2.5 维频率选择表面的频率响应

当 TE 极化波和 TM 极化波分别以 0°、30°、60° 及 85° 角入射时,得到的传输系数曲线如图 9.15 所示。当 TM 极化波以 85° 角入射时,传输系数的中心频率相比垂直入射情况时有最大的偏移值(为 1.7%),由于该值较小,可忽略不计,且不同极化下中心频率基本不变,因而可以得出结论,2.5 维频率选择表面具有较好的极化与角度稳定性。

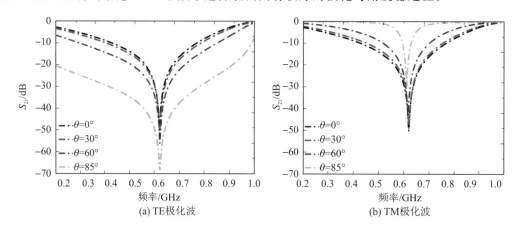

(a) TE极化波   (b) TM极化波

图 9.15 电磁波以不同入射角入射时的传输系数曲线图

由频率响应曲线可以看出,本节设计的 2.5 维频率选择表面与 9.1 节中的频率选择表面相比具有更好的小型化表现。为了深入探究其工作原理,以 TM 极化波为例,仿真得到了 2.5 维频率选择表面处于谐振状态时的表面电流分布,如图 9.16 所示。其中,图 9.16(a)代表频率选择表面正面的表面电流分布,图 9.16(b)代表频率选择表面反面的表面电流分布,图中红色箭头表示电流流动方向,并且只绘出了电流路径的一半。从图 9.16 中可以看出,表面电流从单元的正面中心点出发,沿着金属贴片首先流动到邻近单元中,再途经金属化过孔流到反面,最后流到单元的反面中心。与图 9.6(b)相比,2.5 维频率选择表面的电流路径可分为三部分:一部分为正面路径,一部分为反面路径,一部分为金属化过孔路径。因此,2.5 维频率选择表面拥有更长的电流路径,并且接近于 9.1 节中电流路径的

2 倍。根据单元谐振机制可以得出结论，2.5 维频率选择表面拥有更小的谐振频率，且约为
9.1 节中谐振频率的一半。两者的频率响应曲线也验证了上述分析。

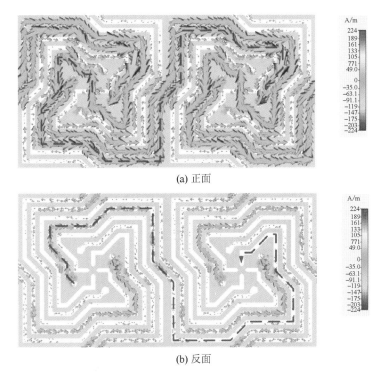

(a) 正面

(b) 反面

图 9.16　表面电流分布图

假设 2.5 维频率选择表面结构中十字形贴片的一条臂长为 l。以 TE 极化波入射，当分
别改变臂长 l 及介质基底的厚度 h 且保持其他参数不变时，得到的传输系数曲线如图 9.17
所示。从图 9.17 中可以看到，随着 l 值的减小，谐振频率向高频段小幅移动，随着厚度 h
的增大，谐振频率则向低频段小幅移动。这种现象可以理解为：当改变臂长 l 和介质基底的
厚度 h 时，本质都是延长或缩短了表面电流路径。因此，改变上述参数可以实现对频率选
择表面谐振频率的微调。

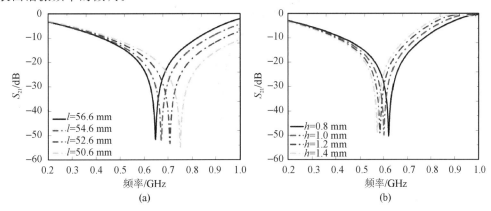

图 9.17　参数变化对传输系数曲线的影响

改变臂长 l 及介质基底的厚度 h 仅可以对谐振频率作小范围调节。当需要进行大幅度调整时，上述方法则失去了效果。通过对频率选择表面的表面电流分布的分析可知，表面电流路径越长，谐振频率越低，而表面电流路径又与十字形贴片的臂长密切相关。因此，假设 2.5 维频率选择表面有 N 个金属化过孔，当 N 分别为 4、8、12 和 16 时，2.5 维频率选择表面结构如图 9.18 所示。可以观察到，金属化过孔每增加 4 个，2.5 维频率选择表面就会增加一层。随着层数的增加，十字形贴片的臂长成倍增大。以 TE 和 TM 极化波入射为例，仿真得到了 4 种 2.5 维频率选择表面的传输系数曲线，如图 9.19 所示。从图 9.19 中可以看到，当 N 分别为 4、8、12 和 16 时，谐振频率分别为 620 MHz、400 MHz、295 MHz 和 235 MHz。因此，采用这种方法可以有效地对谐振频率进行大幅度调节。

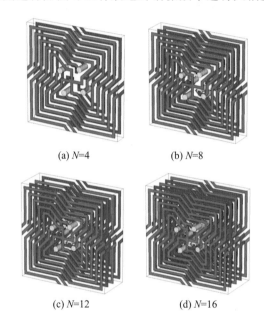

(a) $N=4$ (b) $N=8$

(c) $N=12$ (d) $N=16$

图 9.18 N 取值不同时的频率选择表面结构

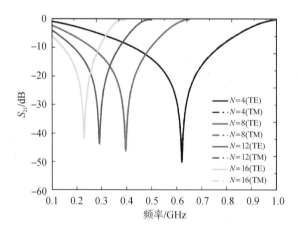

图 9.19 N 不同时的传输系数曲线图

对金属化过孔数 N 分别为 4、8、12 和 16 时的频率选择表面结构进行仿真,得到了 TE 极化波的入射角分别为 $0°$、$60°$ 时的传输系数曲线,如图 9.20 所示。结合图 9.19 可得,N 不同时,频率选择表面依然表现出较好的极化和角度稳定性。

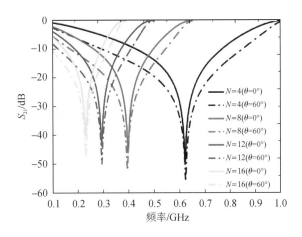

图 9.20　N 不同时的角度稳定性

9.2.3　加工与测试

2.5 维频率选择表面的加工样品如图 9.21 所示,图(a)为频率选择表面正面,图(b)为频率选择表面反面,样品共包含 $30×30$ 个单元,尺寸为 $210\ \text{mm}×210\ \text{mm}$,介质基底选用 0.8 mm 厚的 FR4,介电常数为 4.3。为了降低杂波对测试结果的影响,实验在微波暗室中进行,实验器材包括两个喇叭天线和一个矢量网络分析仪。两个喇叭天线分别放置于频率选择表面两侧,并连接到矢量网络分析仪上。最后测试得到的传输系数曲线如图 9.22 所示。

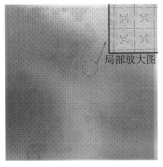

(a) 正面图

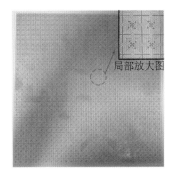

(b) 反面图

图 9.21　频率选择表面的实物样品图

从图 9.22 中可以看出,无论是 TE 波还是 TM 波入射,当角度发生变化时,中心频率基本不变,测试结果与仿真结果一致。

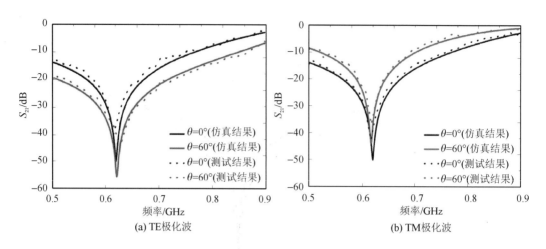

(a) TE极化波　　　　　　　　　　　(b) TM极化波

图 9.22　测试及仿真结果

本 章 小 结

　　本章给出了两款小型化单频带阻频率选择表面。首先基于交指技术介绍了一款尺寸为 $0.027\lambda \times 0.027\lambda$ 的小型化频率选择表面，然后在此频率选择表面的基础上运用金属化过孔加载技术，设计了一款尺寸仅为 $0.014\lambda \times 0.014\lambda$ 的 2.5 维频率选择表面。根据实际需要，可以对 2.5 维频率选择表面的中心频率进行调整。两款小型化频率选择表面在拥有良好滤波特性的同时，还具备极化和角度稳定性。

第 10 章　小型化双频带阻频率选择表面

双频频率选择表面由于具有两个工作频段，已被广泛应用于天线系统以提升信息的吞吐容量和使用效率。在一些特定的场合，对双频频率选择表面还提出了小型化、低频比及可单独调节等要求。因此，如何实现高性能的双频频率选择表面设计，已经成为工程应用中需要解决的问题。本节给出了两款小型化双频带阻频率选择表面，其中一款频率选择表面满足低频比的要求，另一款频率选择表面工作于 GSM 频段，可在与 GSM 信号相关的领域发挥作用。

10.1　具有低频比的小型化双频带阻频率选择表面

10.1.1　频率选择表面结构模型的建立

要设计两个间距较小的工作频段，最简单便利的方法是分支法，即在结构主干上引出一条分支，当主干与分支的长度接近时，则会产生两个距离很近的工作频段。因此，以十字形结构为基础模型，在十字形结构主干上另外引出一条分支，并且在单元内将主干与分支曲折旋绕后经金属化过孔延伸到介质基底的反面，最后得到频率选择表面结构模型，如图 10.1 所示。图中红色部分代表频率选择表面正面的金属贴片，蓝色部分代表频率选择表面反面的金属贴片，黄色部分代表金属化过孔。介质基底选用介电常数为 2.2 的 Rogers RT/duroid 5880，厚度为 0.8 mm。其余各物理参数已经在图中给出，具体为：$D_x = D_y = 10.4$ mm，$w = g = d = 0.4$ mm。

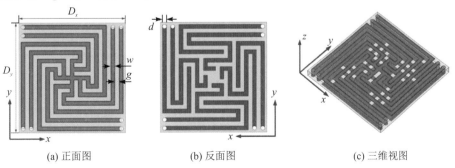

(a) 正面图　　　　　　(b) 反面图　　　　　　(c) 三维视图

图 10.1　频率选择表面结构示意图

10.1.2　频率选择表面的仿真结果及原理分析

以 TE 和 TM 极化波垂直入射，得到的 S 参数曲线如图 10.2 所示。设计的频率选择表面有两个阻带，阻带的中心频率分别为 1.69 GHz 和 2.16 GHz，频率之比为 1.28，满足低频比的要求。结合实际的物理尺寸，可得频率选择表面单元的电尺寸为 $0.057\lambda \times 0.057\lambda$，其中 λ 代表第一谐振频率对应的工作波长。

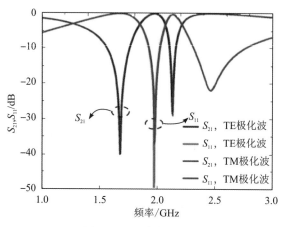

图 10.2　S 参数曲线图

当 TE 和 TM 极化波分别以 0°、30°和 60°入射时，得到频率选择表面的传输系数曲线，如图 10.3 所示。从图 10.3 中可观察到，无论是 TE 极化波还是 TM 极化波，两个阻带的中心频率对入射角都不敏感，因此频率选择表面具有良好的角度稳定性。当 TM 极化波的入射角达到 60°时，传输系数曲线存在沟壑，由于其幅度不大，且距离阻带的中心频率较远，因而对传输特性影响不大。

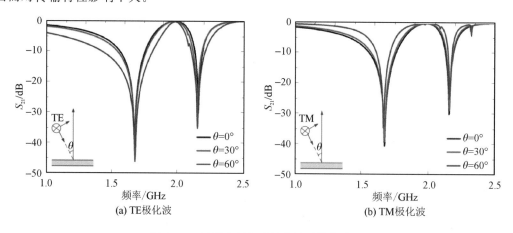

(a) TE极化波　　　　　　　　(b) TM极化波

图 10.3　不同入射角时的传输系数曲线图

频率选择表面处于第一和第二谐振频率的表面电流分布如图 10.4 所示，红色虚线箭头表示表面电流路径方向。由图 10.4 可见，处于第一谐振频率时，表面电流沿着十字形结构的分支经由金属化过孔流到反面；而处于第二谐振频率时，表面电流则沿着十字形结构的主干经由金属化过孔流到反面。因此，频率选择表面处于不同谐振频率时，十字形结构的主干和分支分别发生谐振，从而产生了两个不同的阻带。此外还可以发现，通过加载金属化过孔，使得十字形贴片的主干和分支延伸到介质基底的反面，有效地增大了表面电流路径，实现了单元的小型化。假设主干长度为 f，分支长度为 e。经测量得知长度 f 为 62.8 mm，长度 e 为 68.8 mm。由于长度 e 要大于长度 f，根据单元谐振机制可知，分支产生的谐振频率要低于主干产生的谐振频率，又因为长度 e 与长度 f 相差不大，因此两频段之间的间距较短，从而实现了低频比特性。

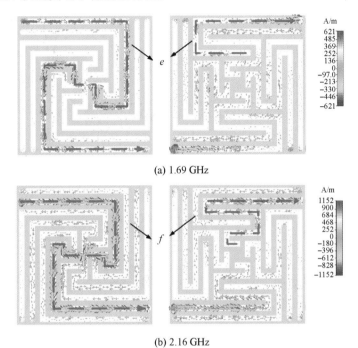

图 10.4　频率选择表面谐振时的表面电流分布图

从十字形结构主干上引出分支成功地完成了具有小间距的双频带设计；将十字形结构的主干和分支曲折旋绕并通过金属化过孔延伸到介质基底的反面，实现了单元的小型化。对此，仿真得到了 TE 极化波下 2.5 维频率选择表面及未加载金属化过孔时频率选择表面的传输系数曲线，如图 10.5 所示。从图 10.5 中可见，未加载金属化过孔的频率选择表面

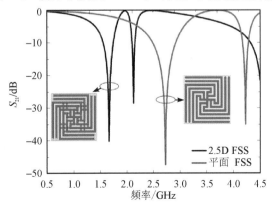

图 10.5　TE 极化波下的传输系数曲线对比图

的阻带的中心频率分别为 2.76 GHz 和 4.30 GHz，而加载金属化过孔后，主干和分支的长度得以增大并延伸到反面，使得谐振频率大幅减小，从而缩减了单元尺寸。

分别改变长度 e 和 f，并保持其余各参数不变，得到的传输系数曲线如图 10.6 所示。从图 10.6 中可以观察到，改变长度 e 时，第一个谐振频率发生变化；改变长度 f 时，第二个谐振频率发生变化。因此，通过改变长度 e 和 f 可以分别对两个阻带的中心频率进行调节。

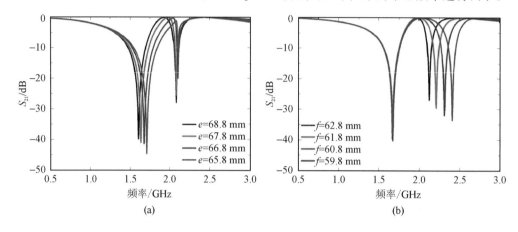

图 10.6　参数变化对传输系数曲线的影响

10.1.3　加工与测试

加工制作的实物样品如图 10.7 所示，尺寸为 260 mm×260 mm，共包含 25×25 个单元，介质材料选用 0.8 mm 厚的 Rogers RT/duroid 5880，介电常数为 2.2。测试得到的结果如图 10.8 所示。为了便于对比，电磁仿真结果也显示在图中。从图 10.8 中可以观察到，测试得到的传输系数曲线在不同入射角下具有稳定的中心频率，与电磁仿真结果相吻合。这表明设计的频率选择表面结构具有良好的极化和角度稳定性。

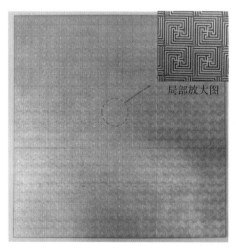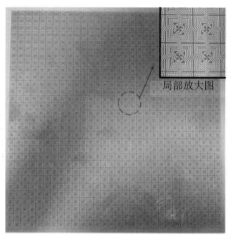

(a) 样品正面　　　　　　　　　　　　(b) 样品反面

图 10.7　实物样品图

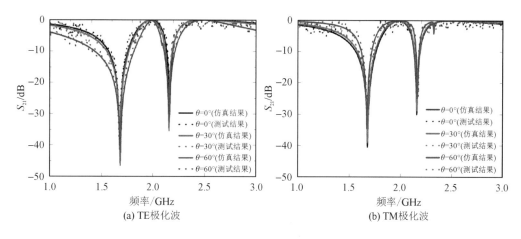

图 10.8　测试及全波仿真结果

10.2　工作于 GSM 频段的小型化双频带阻频率选择表面

10.2.1　频率选择表面结构模型的建立

随着移动设备的普及,如何有效屏蔽来自 GSM 频段的电磁干扰引起了人们的关注。本节以双正方形环结构为基础设计了一款工作于 GSM 频段的小型化双频带阻频率选择表面,如图 10.9 所示。红色部分代表频率选择表面正面的金属贴片,蓝色部分代表频率选择表面反面的金属贴片,黄色部分代表金属化过孔。由于传统双正方形环结构尺寸过大,因此该结构不适用于一些复杂受限的场合。本节对双正方形环结构进行改进,经加载金属化过孔使之成为 2.5 维结构后,再将结构正面部分向内弯曲,从而大幅缩减了单元尺寸。介质基底选用厚度为 2 mm 的纯聚四氟乙烯板,介电常数为 2.2。图 10.9 中标出了结构的物理尺寸,具体数值为:$D = 24$ mm,$L_1 = 23$ mm,$L_2 = 17$ mm,$l_1 = 1.9$ mm,$l_2 = 2.3$ mm,$l_3 = 3.3$ mm,$l_4 = 5.6$ mm,$s = 1$ mm,$w = r = 0.2$ mm。

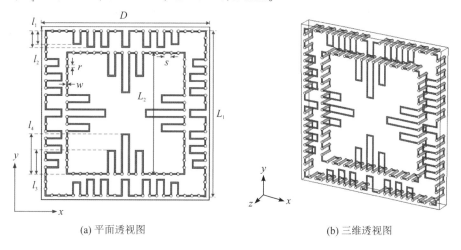

(a) 平面透视图　　　　　　　　　　(b) 三维透视图

图 10.9　2.5 维频率选择表面结构模型

10.2.2 频率选择表面的仿真结果及原理分析

利用电磁仿真软件 CST Microwave Studio 对构建的频率选择表面模型进行仿真,以 TE 和 TM 极化波入射,得到的 S 参数曲线如图 10.10 所示。从图 10.10 中可以看出,2.5 维频率选择表面拥有两个阻带:第一个阻带的中心频率为 0.9 GHz,-18 dB 带宽为 910 MHz;第二个阻带的中心频率为 1.8 GHz,-18 dB 带宽为 156 MHz。两个阻带都处于 GSM 频段。频率选择表面的单元尺寸仅为 $0.072\lambda \times 0.072\lambda$。

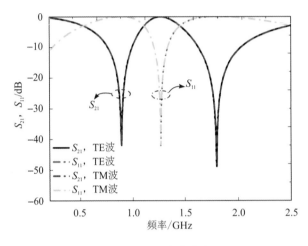

图 10.10 S 参数曲线

当 TE 和 TM 极化波以不同角度入射时,得到的传输系数曲线如图 10.11 所示。TE 极化波入射时,随着入射角的增大,工作带宽逐渐变大,两个谐振频率的最大偏移值为 1.6%。TM 极化波入射时,随着入射角的增大,工作带宽逐渐减小,两个谐振频率的最大偏移值为 1.3%。由于两个谐振频率的偏移值较小,可忽略不计,因此,2.5 维频率选择表面拥有良好的角度稳定性。

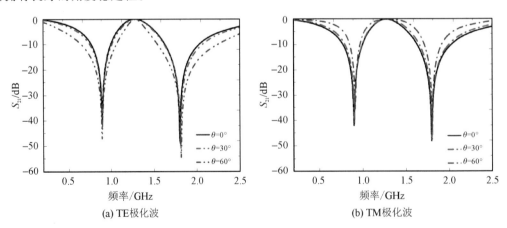

图 10.11 不同入射角时的传输系数曲线图

以 TE 极化波入射为例,图 10.12 展示了 2.5 维频率选择表面处于谐振状态时的表面电流分布。由图 10.12 可见,当频率选择表面处于谐振频率 0.9 GHz 时,表面电流主要存在于外编织正方形环中；而当频率选择表面处于谐振频率 1.8 GHz 时，表面电流则主要存在于内编织正方形环中。由此可得，两个阻带分别由内外编织正方形环谐振产生。

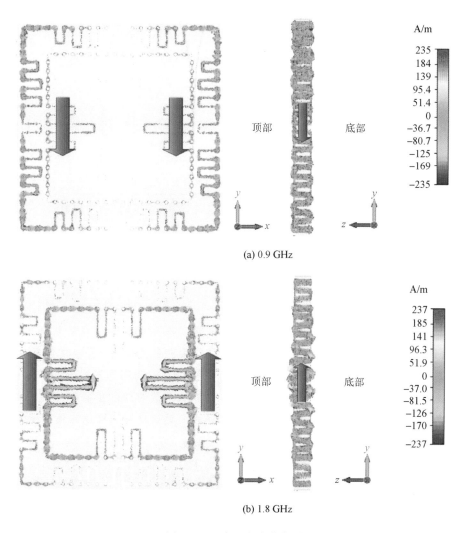

(a) 0.9 GHz

(b) 1.8 GHz

图 10.12　表面电流分布图

从结构上可以发现，除了对双正方形环加载金属化过孔使之成为 2.5 维结构外，还采用了卷曲技术将频率选择表面的正面金属贴片向单元内弯曲。由表面电流分布已知，外编织正方形环谐振产生低频阻带，内编织正方形环谐振产生高频阻带，两个阻带的中心频率分别与两个编织正方形环密切相关。根据单元谐振机制可知，谐振频率与正方形环的周长成反比。基于此原理，为了使 2.5 维频率选择表面的两个中心频率进一步向低频移动，采用卷曲技术将编织正方形环的正面部分向内弯曲以进一步增大周长。图 10.13 给出了设计的 2.5 维频率选择表面及方环正面未向内弯曲的 2.5 维频率选择表面的传输系数曲线的对比图。从图 10.13 中可以发现，采用卷曲技术后，第一阻带的中心频率向低频移动了 230 MHz，第二阻带的中心频率向低频移动了 900 MHz，从而使得两阻带处于 GSM 频段。

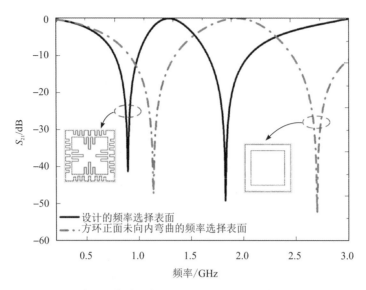

图 10.13　设计的频率选择表面及方环正面未向内弯曲的 2.5 维频率
选择表面的传输系数曲线的对比图

10.2.3　加工与测试

　　加工制作的频率选择表面样品如图 10.14 所示，样品共包含 8×8 个单元，尺寸为 192 mm×192 mm，介质基底选用厚度为 2 mm 的纯聚四氟乙烯板，介电常数为 2.2。在测试过程中，两个喇叭天线各放置于频率选择表面的一侧，一个作为发射天线，另一个作为接收天线。测试结果如图 10.15 所示。测试获得的传输系数曲线的中心频率在不同极化方式及入射角下基本保持不变，表明设计的频率选择表面具有良好的极化和角度稳定性。

图 10.14　频率选择表面实物样品图

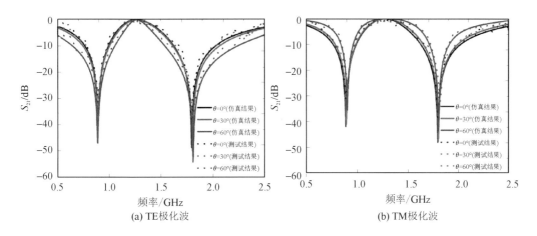

(a) TE极化波　　　　　　　　　　(b) TM极化波

图 10.15　测试及全波仿真结果

本 章 小 结

本章给出了两款小型化双频带阻频率选择表面。第一款频率选择表面的两个阻带的中心频率分别为 1.69 GHz 和 2.16 GHz，两者之比仅为 1.28，满足了低频比的要求。第二款频率选择表面的两个阻带的中心频率分别为 910 MHz 和 1.80 GHz，工作于 GSM 频段。两款频率选择表面不仅拥有令人满意的电磁滤波特性，还具备良好的极化和角度稳定性。

第11章 小型化多频带阻频率选择表面

随着小型集成化多频工作器件的需求不断增加，小型化多频带阻频率选择表面的设计具有非常重要的意义。与单/双频带阻频率选择表面相比，多频带阻频率选择表面的设计具有一定的难度，尤其与小型化单元结合在一起设计时更是如此。目前，实现多频滤波特性的方法主要有分形法和级联法，其中级联法是最简单可行的，而分形法由于结构过于紧密，实现起来较为复杂，且易导致单元尺寸过大。本章利用级联法给出了一款工作于 GSM 频段的小型化三频带阻频率选择表面，并结合目前电磁防护领域的需求制作了一个带阻屏蔽盒。经测试，该带阻屏蔽盒能很好地屏蔽 GSM 信号。

11.1 工作于 GSM 频段的小型化多频带阻频率选择表面

11.1.1 频率选择表面结构模型的建立

根据文献[38]的介绍可知，多个单元结构级联在一起时，由于各层单元的谐振频率不同，因此可以同时产生多个工作频带，通过合理地设计各层单元结构，可有效降低层与层之间的耦合作用，从而获得较为理想的多频滤波特性。基于此原理，本节设计了一款小型化多频带阻频率选择表面，其结构模型如图 11.1 所示。该频率选择表面为三层级联结构，每一层的贴片图形都为耶路撒冷十字形结构，仅尺寸不同。耶路撒冷十字形结构的四个端部加载了一定数量的金属化过孔，其目的是调节谐振频率。过孔数量越多，深度越大，谐振

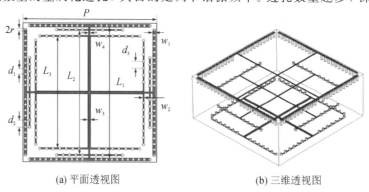

(a) 平面透视图　　　　　(b) 三维透视图

图 11.1　频率选择表面结构模型

频率越低，运用电磁仿真软件 CST 进行优化后得到的各层过孔数量如图 11.1 所示，顶层过孔数量为 88 个，中间层过孔数量为 40 个，底层过孔数量为 56 个。介质基底选用 FR4，厚度为 2 mm，其余结构尺寸为：$P=20$ mm，$L_1=17.8$ mm，$L_2=16$ mm，$L_3=14$ mm，$w_1=w_3=0.4$ mm，$w_2=w_4=0.2$ mm，$d_1=0.8$ mm，$d_2=d_3=1$ mm，$r=0.2$ mm，该单元的尺寸仅为 $0.060\lambda \times 0.060\lambda$。

11.1.2　频率选择表面的仿真结果及原理分析

对设计的频率选择表面进行仿真，设置扫描频率为 $0\sim2.5$ GHz，以 TE 和 TM 极化波垂直入射，得到的 S 参数曲线如图 11.2 所示。从图 11.2 中可见，频率选择表面有三个阻带，阻带的中心频率由低到高分别为 900 MHz、1800 MHz 和 2100 MHz，-18 dB 带宽分别为 163 MHz、80 MHz 和 40 MHz，三个频点都处于 GSM 频段。由于频点 1800 MHz 和 2100 MHz 之间间隔较小，频比仅为 1.17，因此在大部分文献中通常会将 1800 MHz 和 2100 MHz 设计为一个阻带，以减小设计的难度。而在本设计中则很好地实现了具有低频比的双频带设计，并且额外产生了一个位于 900 MHz 的低频阻带。

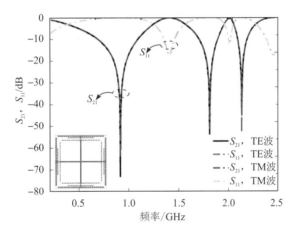

图 11.2　仿真得到的 S 参数曲线图

TE 和 TM 极化波分别以 0°、30°和 60°角入射，得到传输系数曲线如图 11.3 所示。由

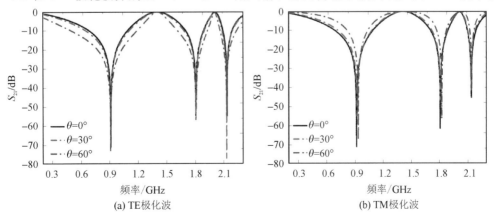

(a) TE 极化波　　　　　　　　(b) TM 极化波

图 11.3　不同极化波下的角度稳定性

图 11.3 可见，不同极化波的入射角发生变化时，三个阻带的中心频率变化较小，可忽略不计。因此，设计的频率选择表面具备良好的极化和角度稳定性。

接下来对频率选择表面的工作特性进行分析。以 TE 极化波入射为例，仿真得到了各层单元的传输系数曲线，如图 11.4 所示，各单元的尺寸以及介质基底的参数与小型化三频带阻频率选择表面相同。从图 11.4 中可以看出，频率选择表面顶层结构产生的阻带的中心频率为 920 MHz，中间层产生的阻带的中心频率为 1970 MHz，底层产生的阻带的中心频率为 2200 MHz。由此可得，频率选择表面的三个阻带分别由三层单元谐振产生。当三层单元级联在一起时，各层之间会产生耦合作用，从而使得原先的阻带的中心频率发生一定改变。

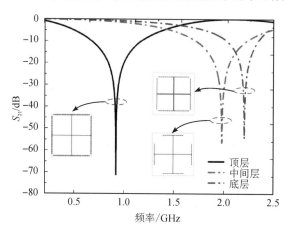

图 11.4　频率选择表面各层结构的传输系数曲线图

由上述分析可知，每层单元结构贡献了一个阻带，从而实现了整体的三频带阻特性。为了了解每层单元谐振时的工作机制，以 TE 极化波入射，仿真得到了各层单元在谐振频率处的表面电流分布，如图 11.5 所示。对于上、中、下三层单元结构而言，当发生谐振时，表面电流在耶路撒冷十字形结构上产生后流经金属化过孔。因此，通过加载金属化过孔有效地增大了表面电流路径，加强了单元之间的耦合作用。

金属化过孔加载后对耶路撒冷十字形结构的影响可以用等效电路模型来表示。以顶层单元结构为例，根据传输线理论，在电磁波照射时，耶路撒冷十字形结构的主干可以等效为电感 L，主干末端金属贴片之间的耦合作用可以表示为电容 C，因此其等效电路如图 11.6(a)所示。在末端加载金属化过孔或者增加金属化过孔的深度，相当于额外增加了主干末端金属贴片之间的耦合作用，此效果可用电容 C_v 和电感 L_v 来表示。因此，频率选择表面顶层结构的等效电路可以表示为图 11.6(b)。图 11.6(a)中等效电路模型的谐振频率 f 为

$$f = \frac{1}{2\pi\sqrt{LC}} \tag{11.1}$$

图 11.6(b)中等效电路模型的谐振频率 f_v 为

$$f_v = \frac{1}{2\pi\sqrt{(L+L_v)(C+C_v)}} \tag{11.2}$$

对比式(11.1)和式(11.2)，很明显加载金属化过孔后的耶路撒冷十字形结构具有更小的谐振频率。

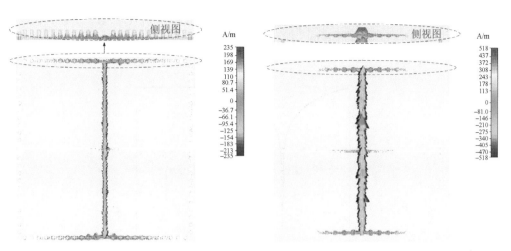

(a) 顶层结构在 920 MHz 处的表面电流分布　　(b) 中间层结构在 1970 MHz 处的表面电流分布

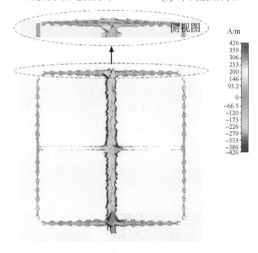

(c) 底层结构在 2200 MHz 处的表面电流分布

图 11.5　表面电流分布图

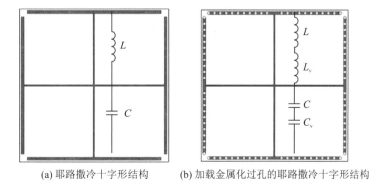

(a) 耶路撒冷十字形结构　　(b) 加载金属化过孔的耶路撒冷十字形结构

图 11.6　等效电路模型

对图 11.6(a)和(b)所示的结构进行仿真，以 TE 极化波入射，得到的传输系数曲线如图 11.7 所示。从图 11.7 中可以看出，加载金属化过孔后的耶路撒冷十字形结构与未加载金属化过孔时相比具有更小的谐振频率，从而验证了上述分析。

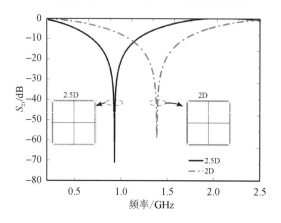

图 11.7　传输系数曲线对比图

11.1.3　加工与测试

对设计的小型化三频带阻频率选择表面进行加工，得到的实物样品如图 11.8 所示。样品尺寸为 200 mm×200 mm，共包含 20×20 个单元，介质基底选用 2 mm 厚的 FR4。整个测试在微波暗室中进行，共进行了两次。第一次测试时不放频率选择表面，测试结果作为参照基准，第二次测试时放上频率选择表面，将两次测试结果相比较，从而获得了需要的传输系数曲线，结果如图 11.9 所示。

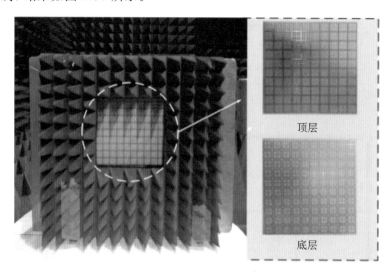

图 11.8　频率选择表面实物样品图

为了便于比较，全波仿真结果也呈现在图 11.9 中。通过观察可得，不同极化波以不同入射角入射时，三个阻带的中心频率偏移不大，且与全波仿真结果基本吻合。

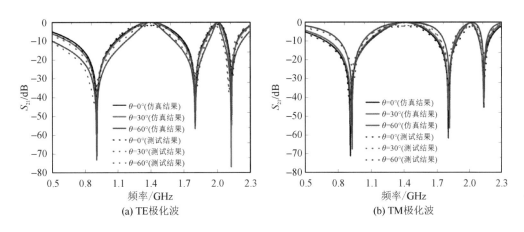

图 11.9 测试与全波仿真结果对比图

11.2 基于频率选择表面的带阻屏蔽盒

11.2.1 电磁污染的危害

自人们利用电磁波开始,"电磁污染"这个词即出现在了人们的字典中,尤其是近几年来随着通信技术的快速发展及电子设备的普及,电磁污染已经成为继大气污染、水体污染、土壤污染后的又一大污染。目前电磁污染的来源可分为两类:一类是自然电磁污染,另一类是人造电磁污染。自然电磁污染与自然现象密切相关,地球表面的热辐射以及来自宇宙的电磁辐射都属于自然电磁污染。自然电磁污染的幅度不大,通常不会对人类的生活和生产造成影响。人造电磁污染,顾名思义,即人类生产活动所产生的电磁污染,其来源也分为两种:一种为人类对电磁波的利用过程中所产生的电磁污染,如无线电通信、通信基站、雷达站等;另一类为设备工作时泄漏出的电磁污染,如高压送变电系统、电力机车、微波理疗仪等。一般说的电磁污染指的是人造电磁污染。

电磁污染的危害无处不在。对于人体而言,过高的电磁辐射会破坏人体本身的生物电流和生物磁场,从而影响人的身体健康。不同年龄段以及不同性别的人对电磁辐射的承受力不一样。通常来讲,老人、儿童及孕妇对电磁辐射的承受力较弱。目前,电磁辐射对人体的危害主要有以下几个方面:① 引发儿童白血病;② 提高癌症的发病率;③ 导致儿童智力发育迟缓;④ 损害中枢神经系统;⑤ 影响心血管系统。

电磁污染对设备的危害主要表现为电磁干扰。当电磁污染严重时,会对电子设备、仪器仪表的正常工作造成干扰。当电磁波管理不善、大功率电磁辐射产生时,则会对通信系统造成严重的干扰,情况恶劣时会引起导弹误射、飞机失事等灾难性事件发生。

11.2.2 用于 GSM 信号防护的带阻屏蔽盒

GSM 的中文全称为全球移动通信系统,它是目前应用最广泛的移动电话标准。近年来,随着移动通信设备的大量普及以及通信基站的兴建,GSM 信号成为主要的电磁污染源之一。在一些重要且敏感的场合（如飞机上），GSM 信号会对飞机的空地通话和导航系统的信号接收构成威胁。在医院里，GSM 信号则会影响一些敏感设备的正常运行，如导致心脏起搏器失灵甚至骤停。因此，为了人们的安全与健康，在一些场合对 GSM 信号进行屏蔽是非常必要的。带阻屏蔽盒[39-40]的问世就是为了应对这种问题的。传统的带阻屏蔽盒采用全金属制作，由于金属可以反射所有频段的电磁波，因此具有很好的屏蔽效果。然而在一些仅需要屏蔽特定频段电磁波的场合，传统的带阻屏蔽盒无法使用。为了解决这一问题，具有独特空间滤波特性的频率选择表面被应用到带阻屏蔽盒的设计中。使用频率选择表面制作的屏蔽盒，不仅能阻止特定频段的电磁波入射，允许其余频段的电磁波透过，还具有重量轻的优点，因此受到了设计人员的青睐。

结合设计的小型化三频带阻频率选择表面，本节制作了一款可用于屏蔽 GSM 信号的带阻屏蔽盒，如图 11.10 所示。带阻屏蔽盒正面为频率选择表面，背面未封闭，其余面为厚的瓦楞纸板。

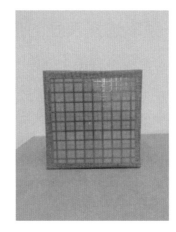

图 11.10　带阻屏蔽盒

11.2.3　测试结果

当频率选择表面应用于电磁防护领域时，需要考虑的参数主要是屏蔽有效性（Shielding Effectiveness，SE）。屏蔽有效性的表达式为

$$SE(dB) = -20 \times \lg\left(\frac{S_{transmission}}{S_{incidence}}\right) \tag{11.3}$$

其中，$S_{incidence}$ 代表未放置带阻屏蔽盒时测试得到的传输系数，$S_{transmission}$ 代表放置带阻屏蔽盒后测试得到的传输系数。通过计算得到 SE 后，在特定的频段，SE 越大，说明屏蔽效果越好。

对带阻屏蔽盒进行测试时，一个喇叭天线用作信号发射器，另一个喇叭天线用作信号接收器，两个喇叭天线连接到矢量网络分析仪上。带阻屏蔽盒放置于靠近接收天线的一边，距离发射天线 2 m，带阻屏蔽盒表面为频率选择表面的一面朝向发射天线。测试共进行了两次，第一次不放置频率选择表面，将获得的测试结果作为基准；第二次测试时，将频率选择表面放置于事先确定好的位置，然后将获得的测试结果与第一次的结果进行比较，从而得到最终的传输系数。在测试中，将发射天线和接收天线同时旋转 90°，即可获得 TM 极化波入射时的传输系数。最后获得的传输系数曲线转换为 SE 曲线，如图 11.11 所示。

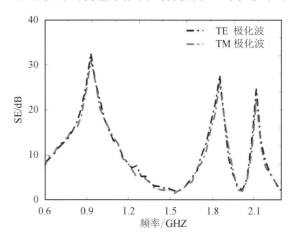

图 11.11　测试得到的 SE 曲线图

从测试结果可以看出，SE 曲线有三个峰，峰值分别位于 900 MHz、1800 MHz 和 2100 MHz 附近。其中，峰值最小的为 23 dB，最大的为 33 dB。三个峰的 −18 dB 带宽都在 20 MHz 以上。因此，设计的带阻屏蔽盒达到了屏蔽 GSM 信号的要求。

本 章 小 结

本章给出了一款工作于 GSM 频段的小型化三频带阻频率选择表面。在设计过程中，很好地兼顾了单元的小型化和多频特性。对频率选择表面进行了加工和测试，测试结果表明频率选择表面具有良好的滤波特性和角度稳定性。基于设计的小型化三频带阻频率选择表面，制作了一款可用于屏蔽 GSM 信号的带阻屏蔽盒。带阻屏蔽盒正面为频率选择表面，背面开放，其余面为瓦楞纸板。经测试表明，带阻屏蔽盒可以有效地屏蔽 GSM 信号。

参 考 文 献

[1] VESELAGO V G. Reviews of topical problems：the electrodynamics of substances with simultaneously negative values of ε and μ [J]. Soviet Physics Uspekhi，1968，10(4)：509.

[2] SIEVENPIPER D，ZHANG L J，BROAS R F J，et al. High-impedance electromagnetic surfaces with forbidden frequency band [J]. IEEE Transactions on Microwave Theory and Techniques，1999，47(11)：2059 – 2074.

[3] LUO G Q，HONG W，LAI Q H，et al. Design and experimental verification of compactfrequency-selective surface with quasi-elliptic bandpass response [J]. IEEE Transactions on Microwave Theory and Techniques，2007，55(12)：2481-2487.

[4] CHEN C C. Scattering by a two-dimensional periodic array of conducting plates [J]. IEEE Transactions on Antennas and Propagation，1970，18(5)：660 – 665.

[5] MONTGOMERY J P. Scattering by an infinite periodic array of thin conductors on a dielectric sheet [J]. IEEE Transactions on Antennas and Propagation，1975，23(1)，75 – 77.

[6] 郑书峰. 频率选择表面的小型化设计与优化技术研究 [D]. 西安：西安电子科技大学，2012.

[7] MITTRA R，CHAN C H，CWIK T. Techniques for analyzing frequency selective surfaces-a review [J]. Proceedings of the IEEE，2002，76(12)：1593 – 1615.

[8] 逯贵祯. 射频电路的分析和设计 [M]. 北京：北京广播学院出版社，2003.

[9] VARKANI A R，FIROUZEH Z H，NEZHAD A Z. Equivalent circuit model for array of circular loop FSS structures at oblique angles of incidence [J]. IET Microwaves Antennas & Propagation，2018，12(5)：749 – 755.

[10] 侯新宇，崔尧. 应用等效电路模型的频率选择表面有效分析 [J]. 西北工业大学学报，2006，24(6)：686 – 688.

[11] JOOZDANI M Z，AMIRHOSSEINI M K. Equivalent circuit model for the frequency selective surface embedded in a layer with constant conductivity [J]. IEEE Transactions on Antennas and Propagation，2017，65(2)：705 – 712.

[12] 杨泽波. 频率选择表面的设计与仿真计算 [D]. 长沙：中南大学，2014.

[13] WOOD R W. On a Remarkable case of uneven distribution of light in a diffraction grating spectrum [J]. Philosophical Magazine，1902，4(21)：396 – 402.

[14] RITCHIE R H. Plasma losses by fast electrons in thin films [J]. Physical Review，1957，106(5)：874 – 881.

[15] STREN E A，FERRELL R A. Surface plasma oscillations of a degenerate electron gas [J]. Physical Review，1960，120(1)：130 – 136.

［16］ CAO H, NAHATA A. Resonantly enhanced transmission of terahertz radiation through a periodic array of subwavelength apertures［J］. Optics Express. 2004, 12(6): 1004 - 1010.

［17］ PENDRY J B, MARTIN-MORENO L, GARCIA-VIDAL F J. Mimicking surface plasmons with structured surfaces［J］. Science. 2004, 305(5685): 847 - 848.

［18］ SHEN X P, CUI T J, MARTIN-CANO D, et al. Conformal surface plasmons propagating on ultrathin and flexible films［J］. Proceedings of the National Academy of Sciences of the United States of America, 2013, 110(1): 40 - 45.

［19］ ZHANG H C, HE P H, TANG W X, et al. Planar spoof SPP transmission lines: Applications in microwave circuits［J］. IEEE Microwave Magazine, 2019, 20(11): 73 - 91.

［20］ 颜力. 基片集成波导传输特性及阵列天线的理论与实验研究［D］. 南京: 东南大学, 2005

［21］ CASSIVI Y, WU K. Dispersion characteristics of substrate integrated rectangular waveguide［J］. IEEE Microwave and Wireless Components Letters, 2002, 12(9): 333 - 335.

［22］ XU F, WU K. Guided-wave and leakage characteristics of substrate integrated waveguide［J］. IEEE Transactions on Microwave Theory and Techniques, 2005, 53(1): 66 - 73.

［23］ CHE W Q, LI C X, WANG D P, et al. Investigation on the ohmic conductor losses in substrate integrated waveguide and equivalent rectangular waveguide［J］. Journal of Electromagnetic Waves and Application, 2007, 21: 769 - 780.

［24］ CHE W Q, WANG D P, DENG K, et al. Leakage and ohmic losses investigation in substrate integrated waveguide［J］. Radio Science, 2007, 42: 1 - 8.

［25］ LIU J, JACKSON D R, LONG Y. Substrate integrated waveguide (SIW) leaky-wave antenna with transverse slots［J］. IEEE Transactions on Antennas and Propagation, 2012, 60(1): 20 - 29.

［26］ LIU J, TANG X, LI Y, et al. Substrate integrated waveguide leaky-wave antenna with H-shaped slots［J］. IEEE Transactions on Antennas and Propagation, 2012, 60(8): 3962 - 3967.

［27］ GUAN D F, ZHANG Q, YOU P, et al. Scanning rate enhancement of leaky-wave antennas using slow-wave substrate integrated waveguide structure［J］. IEEE Transactions on Antennas and Propagation, 2018, 66(7): 3747 - 3751.

［28］ XU S, GUAN D, ZHANG Q, et al. A wide-angle narrow-band leaky-wave antenna based on substrate integrated waveguide-spoof surface plasmon polariton structure ［J］. IEEE Antennas and Wireless Propagation Letters, 2019, 18(7): 1386 - 1389.

［29］ GUAN D F, YOU P, ZHANG Q, et al. Slow-wave half-mode substrate integrated waveguide using spoof surface plasmon polariton structure［J］. IEEE Transactions on Microwave Theory and Techniques，2018，66(6)：2946 – 2952.

[30] LIAO Q，WANG L. Switchable bidirectional/unidirectional LWA array based on half-mode substrate integrated waveguide ［J］. IEEE Antennas and Wireless Propagation Letters，2020，19(7)：1261 – 1265.

[31] CHENG Y J，HONG W，WU K. Millimeter-wave half mode substrate integrated waveguide frequency scanning antenna with quadri-polarization ［J］. IEEE Transactions on Antennas and Propagation，2010，58(6)：1848 – 1855.

[32] ZHANG H，JIAO Y C，ZHAO G，et al. Half-mode substrate integrated waveguide-based leaky-wave antenna loaded with meandered lines ［J］. Electronics Letters，2017，53(17)：1172 – 1174.

[33] LIU L，GU X，ZHU L，et al. A novel half mode substrate integrated waveguide leaky-wave antenna with continuous forward-to-backward beam scanning functionality ［J］. International Journal of RF and Microwave Computer-Aided Engineering，2018，28(9)：e21559.1-e21559.6.

[34] REZAEE S，MEMARIAN M. Analytical study of open-stopband suppression in leaky-wave antennas ［J］. IEEE Antennas and Wireless Propagation Letters，2020，19(2)：363 – 367.

[35] ORR R，GOUSSETIS G，FUSCO V. Design method for circularly polarized Fabry-Perot cavity antennas ［J］. IEEE Trans. Antennas Propag.，2014，62(1)：19 – 26.

[36] MUNK B A. Frequency selective surfaces：theory and design ［M］. New York：Willey，2000.

[37] HUSSAIN T，CAO Q，KAYANI J K. Miniaturization of frequency selective surfaces using 2.5-dimensional knitted structures：design and synthesis ［J］. IEEE Transactions on Antennas and Propagation，2017，65(5)：2405 – 2412.

[38] DÖKEN B，KARTAL M. Triple band frequency selective surface design for global system for mobile communication ［J］. Let Microwaves Antennas & Propagation，2016，10(11)：1154 – 1158.

[39] SURESHKUMAR T R，VENKATESH C，SALIL P，et al. Transmission line approach to calculate the shielding effectiveness of an enclosure with double-layer frequency selective surface ［J］. IEEE Transactions on Electromagnetic Compatibility，2015，57(6)：1736 – 1739.

[40] CHU C N，KUO C H，LIN M S. Bandpass shielding enclosure design using multipole-slot arrays for modern portable digital devices ［J］. IEEE Transactions on Electromagnetic Compatibility，2008，50(4)：895 – 904.